[美]弗兰克·劳埃德·赖特 著

吴家琦 译

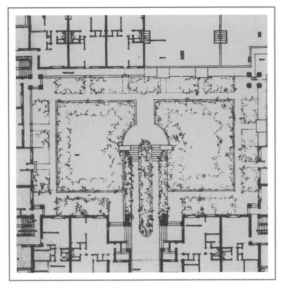

*Drawings and Plans of Frank Lloyd Wright*
*The Early Period (1893-1909)*

现代建筑的巨匠

# 赖特手绘建筑图集

## （1893—1909）

华中科技大学出版社
http://www.hustp.com
中国·武汉

**图书在版编目（CIP）数据**

现代建筑的巨匠：赖特手绘建筑图集（1893—1909）/（美）弗兰克·劳埃德·赖特著；吴家琦译.
—武汉：华中科技大学出版社，2018.9（2023.3重印）

（建筑大师手绘与经典作品系列）

ISBN 978-7-5680-4074-7

Ⅰ.① 现… Ⅱ.① 弗… ② 吴… Ⅲ.① 民用建筑 – 建筑设计 – 研究 – 美国 – 近代 Ⅳ.① TU24

中国版本图书馆CIP数据核字（2018）第156324号

Every effort has been made to contact all the copyright holders of material included in the book. If any material has been included without permission, the publishers offer their apologies. We would welcome correspondence from those individuals/companies whom we have been unable to trace and will be happy to make acknowledgement in any future edition of the book.

现代建筑的巨匠：赖特手绘建筑图集（1893—1909）
XIANDAI JIANZHU DE JUJIANG: LAITE SHOUHUI
JIANZHU TUJI（1893—1909）

［美］弗兰克·劳埃德·赖特　著
吴家琦　译

出版发行：华中科技大学出版社（中国·武汉）　　　　　电话：(027)81321913
武汉市东湖新技术开发区华工科技园　　　　　邮编：430223

策划编辑：张淑梅　　　　　　　　　　　　　　　美术编辑：赵　娜
责任编辑：张淑梅　　　　　　　　　　　　　　　责任监印：朱　玢

印　　刷：武汉精一佳印刷有限公司
开　　本：787 mm×1092 mm　1/16
印　　张：11
字　　数：158千字
版　　次：2023年3月 第1版 第3次印刷
定　　价：68.00 元

华中出版

投稿邮箱：zhangsm@hustp.com
本书若有印装质量问题，请向出版社营销中心调换
全国免费服务热线：400-6679-118 竭诚为您服务
版权所有　侵权必究

# 历久弥新，超越论争：重读赖特手绘建筑图集
## （中文版序）

回顾赖特的职业生涯，大致有两个高峰。第一个高峰是 1910 年前后那个时期，他的草原风格已经形成，他的流动空间和有机建筑思想深刻地影响了当时欧洲的前卫建筑师，如密斯·凡·德·罗，给他们以极大的启发，并对现代建筑艺术在欧洲的兴起产生巨大的影响。赖特的建筑作品，特别是在德国由瓦斯穆特（Wasmuth）出版社出版的这本作品集，给当时正在欧洲兴起的现代主义建筑运动指明了一个方向，把建筑艺术的关注点从静态的实体造型转向对建筑内部空间的创造，让欧洲的建筑师直观地理解了他的有机建筑思想。赖特的这本作品集是赖特本人在意大利佛罗伦萨花了一年的时间整理完成，然后交由德国的瓦斯穆特出版社于 1910 年出版发行的。据说，赖特先生自己买断了全部的作品集，实际上相当于他自己负责这本书的销售。该作品集汇集了当时赖特全部有价值的作品，其中的图本身也是精美的建筑绘画艺术作品，成为一代又一代建筑师临摹的范本。据吴良镛先生回忆，杨廷宝先生在推敲国家图书馆设计方案的时候，受到赖特作品集的影响，仔细处理透视图中的建筑和树木，每一个细部都反复打出小草稿，然后再画到正式图纸上去。然而，不幸的是，赖特的作品被一些浅薄之徒简单地理解为一种新的样式，他们甚至目光短浅地把他归类到 19 世纪末的过时一代建筑师而予以忽略。赖特在这一时期的代表作品是他自己在芝加哥近郊奥克帕克（也称"橡树园"）的住宅和工作室、东塔里埃森和罗比住宅等，而他在这一时期影响最大的作品就是我们现在看到的这本手绘图集。第二个高峰是以流水别墅、西塔里埃森为代表的创作。由于国际式的现代主义建筑风格的影响，美国乃至欧洲成为正统现代派建筑的泛滥区，而以赖特为代表的坚持人文主义思想、尊重生活和环境、秉承有机建筑思想和原则的人则被排挤。但是，赖特凭借自己的才华，创作出具有时代特色的流水别墅，向世人证明，他是极具创造力的建筑师。通过流水别墅作品，赖特向人们展现了有机建筑和人文主义精神的生命力。

在 20 世纪 80 年代，清华大学建筑学院恢复正常教学的初期，一年级基础课程包括下面两项基本训练：一项是临摹赖特的这本手绘钢笔画，另一项是水墨渲染塔司干柱式。当时的学生们有所不知的是，这恰恰是在 20 世纪初的十几年里全世界建筑教育领域流行的两种主要建筑思潮。一派是正在兴起的现代建筑运动；另一派是在法国风行百年的巴

黎美术学院的教学体系，而中国的建筑教育也正是在这样的影响下逐步形成的。赖特以其作品和理论影响了一代欧洲现代派建筑师，为建筑艺术摆脱古典主义教条的束缚和铺张华丽的风气，重新回到人文主义轨道，做出了不可磨灭的贡献，而且他的才华也是通过这本书以及大量的作品为后人所认识。他的有机建筑理论和实践，到今天仍然有着旺盛的生命力，东塔里埃森、西塔里埃森、流水别墅等杰作仍然影响着一代又一代的建筑师。

今天，华中科技大学出版社出版了这两本书，让我们能够全面地了解它们的内容。除了这两本书的内容仍然具有学术价值之外，这次出版其实也弥补了我们近现代建筑教育历史资料的一项空白。之所以这么说，是因为老一代建筑学者在 20 世纪 30 年代学成回国创办建筑院校的时候，恰好赶上军阀混战和日本侵华，这些书从来都没有机会被系统地介绍到国内。第二次世界大战结束后，又逢国内政局混乱，直到改革开放之后，我们才又有机会再次向西方打开大门，但是，这些老的历史资料大多已经被淹没在浩如烟海的出版物中，被人遗忘。这两本具有里程碑意义的建筑书的出版，可以说好比文学界马克•吐温、约翰•斯坦贝克等人的文集出版一样，让我们能够从原作中了解当时的真实情况。除了考古价值外，这两本书所具有的高水平学术价值也将对今天以至未来中国的建筑艺术产生巨大影响，让我们从中看到历久弥新的经典。

吴家琦

2018 年 6 月

# 目 录

# 艾琳·德温住宅

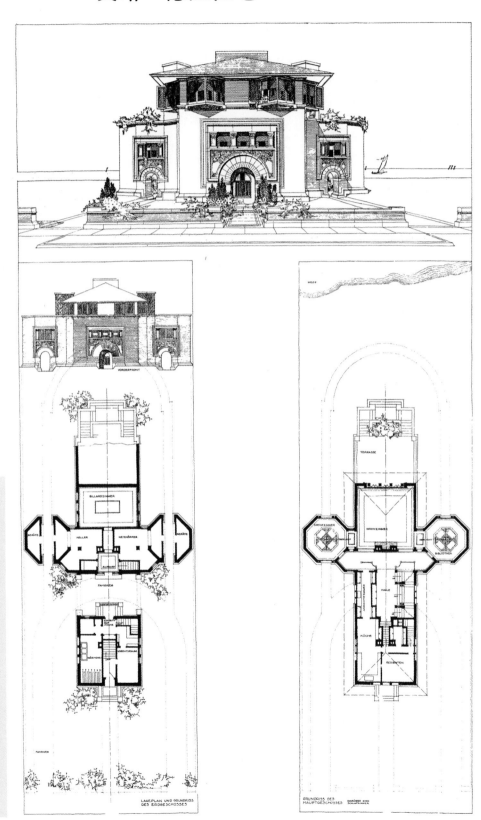

这座住宅解决了一个规划方面的难题。这座住宅就建在时尚的芝加哥大道边，而15米宽的地块从芝加哥大道蔓延到湖岸。住宅主人希望它能考虑这条大道，并且起居室面向湖面，也就是说，处于住宅的后侧。后侧的外入口被隐藏在建筑内部，图书室和餐厅可让人饱览大道和湖面景色。

图 1 艾琳·德温住宅透视图和平面图

# 温斯洛住宅

（伊利诺伊州里弗福雷斯特）

这件作品所具有的若干特征是赖特在设计这所房子时首创的。把房子的墙根设在主墙外的做法，为隆起窗台层的处理做了准备；把外墙表面划分为主体和雕带，在二层窗台线上方运用了不同的材料，使用了深远的屋檐，以及缓坡屋顶；一个大大的烟囱，简单朴素的墙表面与装饰丰富和集中的体量之间产生的对比感；窗户是一个突出的装饰特征，建筑的线条延伸至地面、矮墙和花坛，将建筑和所在场地联系起来。一棵优美的榆树就矗立在附近，让人联想到房子的体量。

图 2a 温斯洛住宅透视图

3

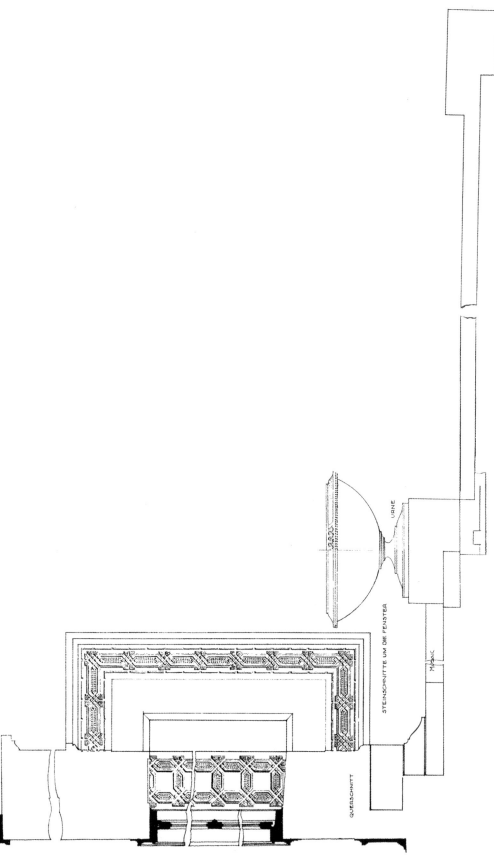

图 2b 温斯洛住宅入口详图

# 温斯洛住宅的马厩

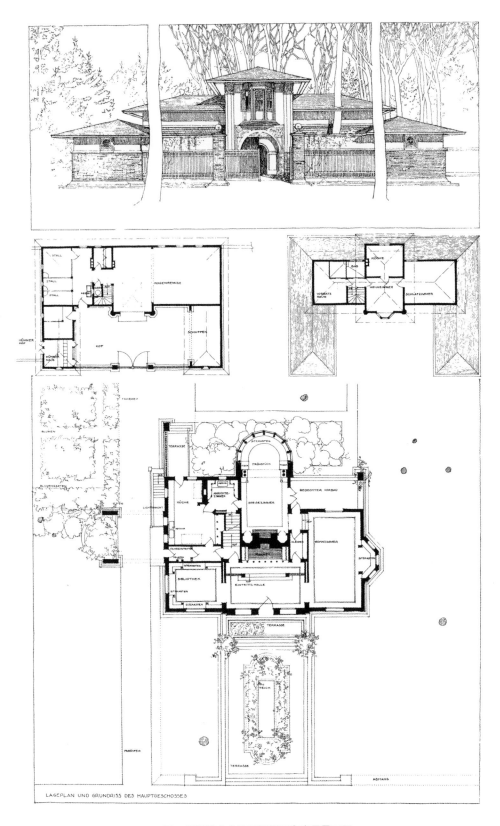

图 3 温斯洛住宅马厩透视图和底层平面图

# 伊萨多·海勒城市住宅

(伍德朗大道)

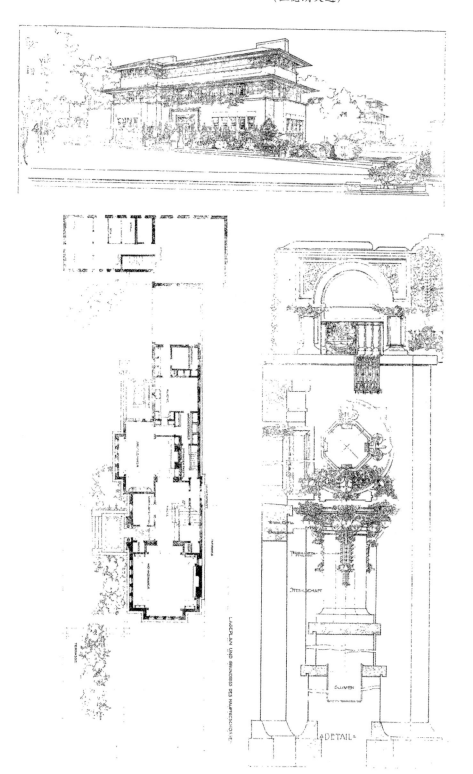

细节上与位于芝加哥布埃纳公园的胡塞尔住宅相差无几。建于1896年。砖墙，瓦顶和灰泥雕带。

图4 伊萨多·海勒城市住宅透视图与底层平面图

# 弗朗西斯公寓

（芝加哥福里斯特维尔大道和 32 大街交口）

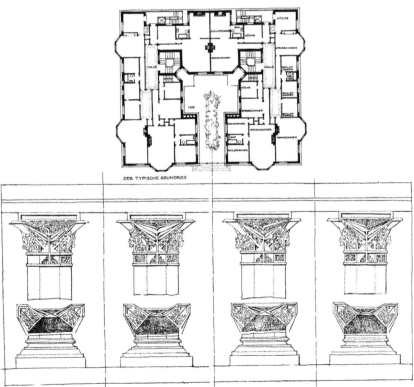

针对那时存在于那个居住区的公寓楼问题给出独特的解决方案。

图 5 弗朗西斯公寓透视图和底层平面图

# 赖特工作室

（伊利诺伊州奥克帕克）

对交通组织的早期研究——各种功能区的特征赋予、个性体现和分组。

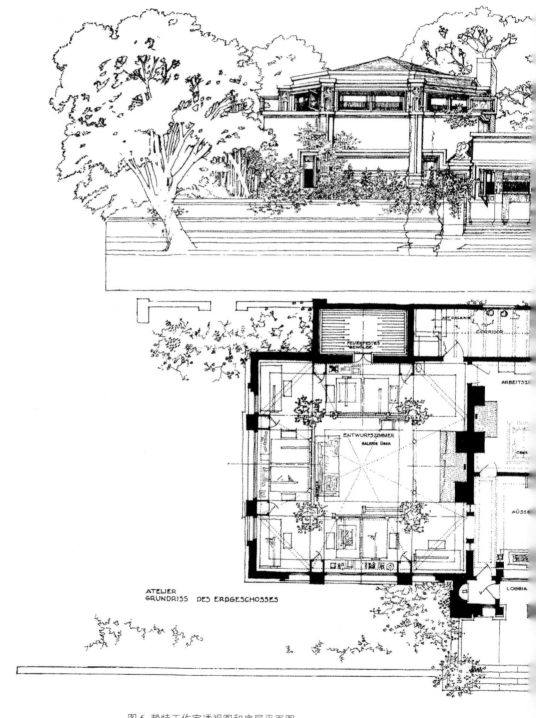

图 6 赖特工作室透视图和底层平面图

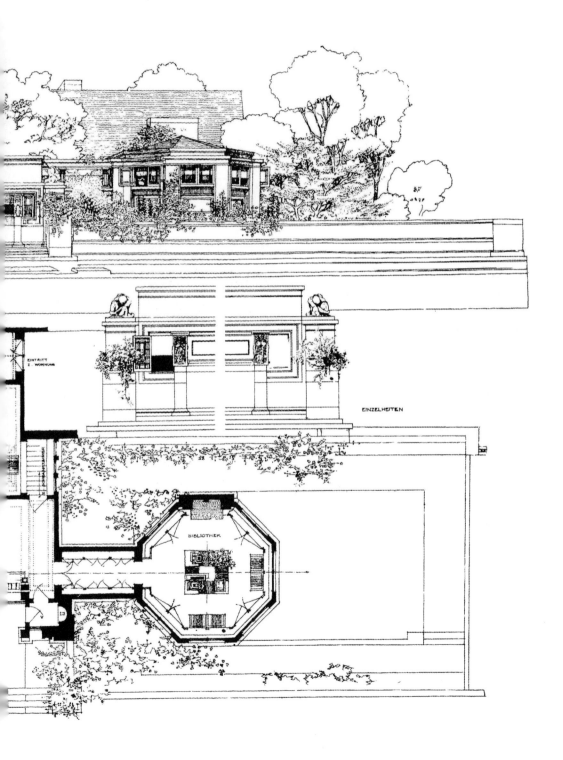

EINTRITT
2. WOHNUNG

EINZELHEITEN

BIBLIOTHEK

# 列克星顿联排公寓

针对芝加哥中西部比较典型的低成本住宅问题，给出一种解决方案。该公寓楼包括了三室、四室和五室公寓单元。每一组都有自己的内院，还有中央供暖系统、灯光系统、洗衣房和保养清洁服务系统。一套四室公寓每月20美元，涵盖所有费用。其他公寓按比例增减。

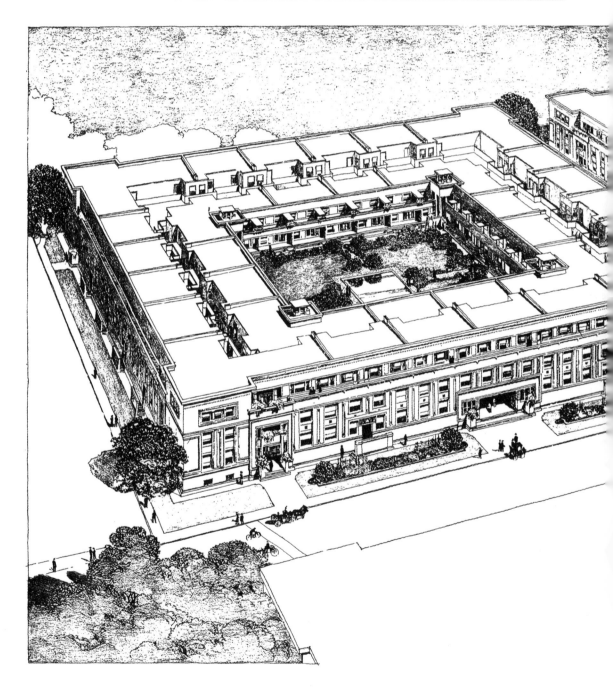

图 7a 列克星顿联排公寓鸟瞰图

每套公寓从外面直接进入，省去了通常的内厅和楼梯，完美地保护了隐私。

所有的公共楼梯都设在与内院成一定角度的开口处，或外墙的凹进处。每一套公寓都有一个后部入口和门廊。它是在 1894 年为沃勒建造的旧金山联排公寓的基础上发展而来的。

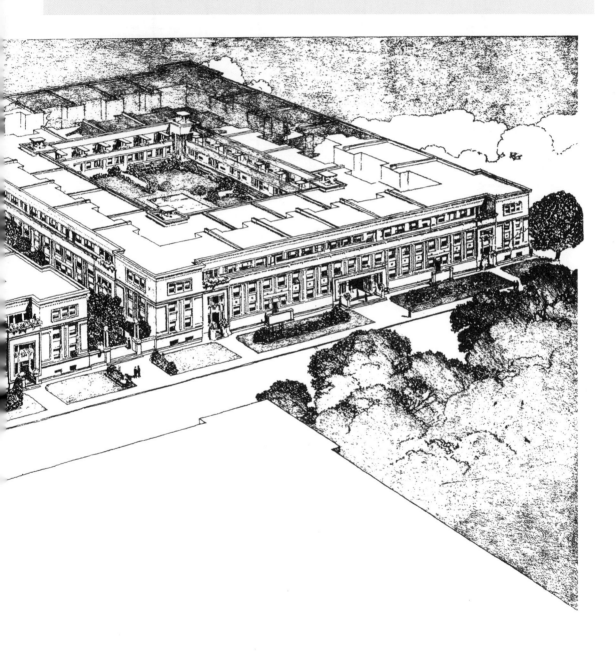

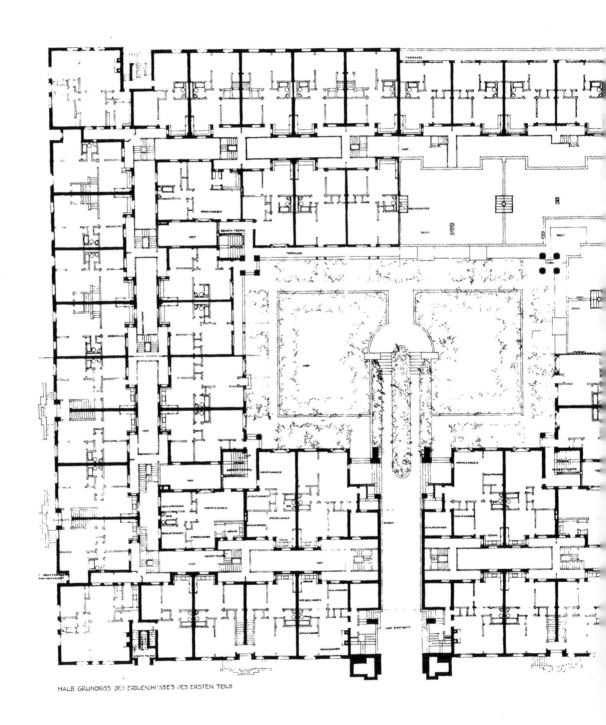

HALB GRUNDRISS DES ERDGESCHOSSES DES ERSTEN TEILS

图 7b 列克星顿联排公寓底层平面图

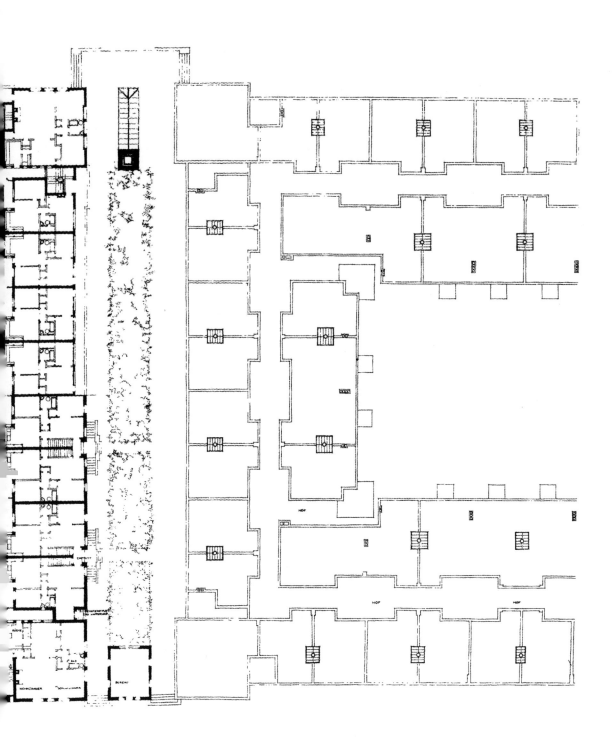

# 麦卡菲住宅

(伊利诺伊州凯尼尔沃思)

一件早期的设计作品，在温斯洛住宅设计两年后建造。一座湖岸之上的郊区住宅。

图书室顶部采光，而大起居室两边采光。

由砖、石材、赤陶建造而成。

图 8a 麦卡菲住宅透视图

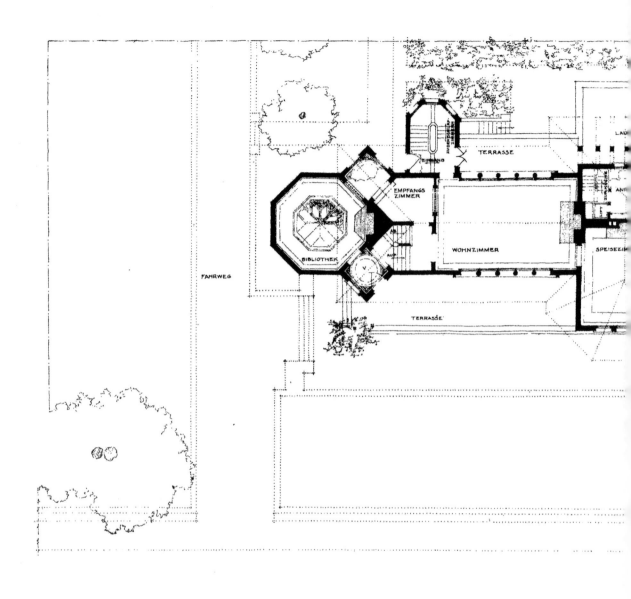

图 8b 麦卡菲住宅底层平面图

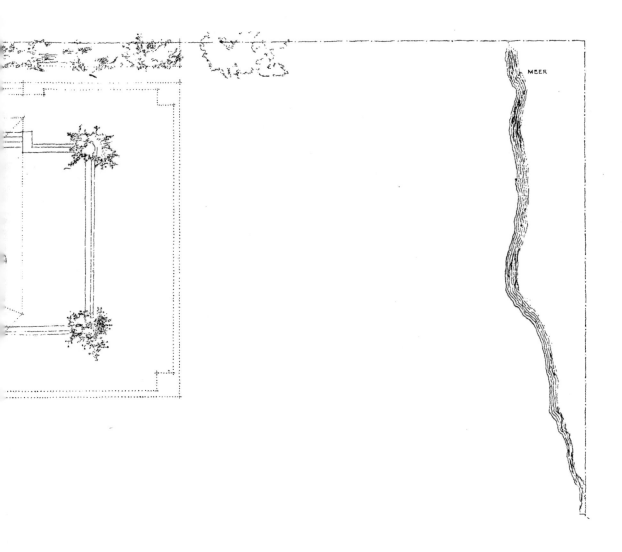

MEER

17

# 维克托·梅茨格住宅

（密歇根州苏圣玛丽）

图 9a 维克托·梅茨格住宅透视图

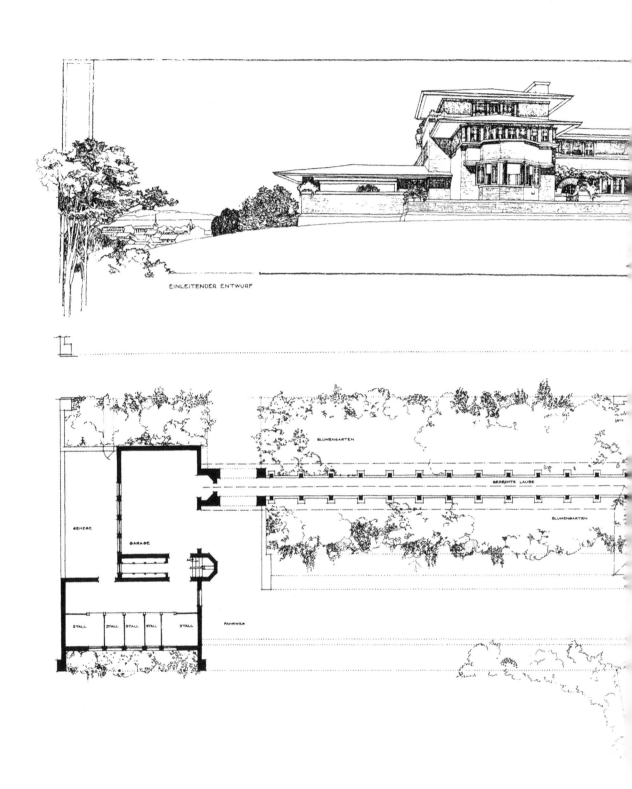

EINLEITENDER ENTWURF

BLUMENGARTEN

BEDECHTE LAUBE

BLUMENGARTEN

GEHEGE

GARAGE

STALL STALL STALL STALL　　STALL　　FAHRWEG

图 9b 维克托·梅茨格住宅透视图和底层平面图

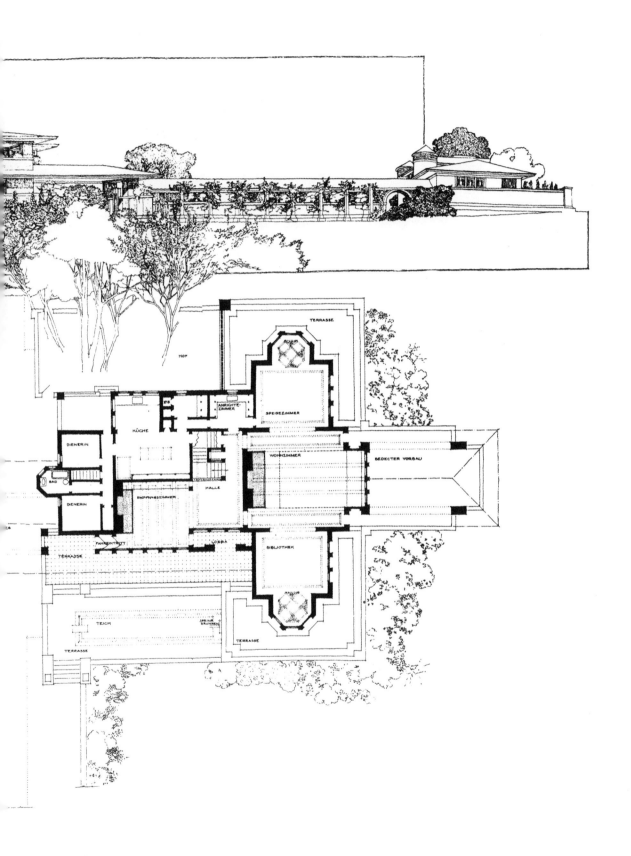

# 山坡家庭学校

1906 年为劳埃德·琼斯姐妹而建。

外墙是天然砂岩与橡木结构。内墙则均是裸露的橡木构架。墙上部是灰泥，下部则是砂岩。

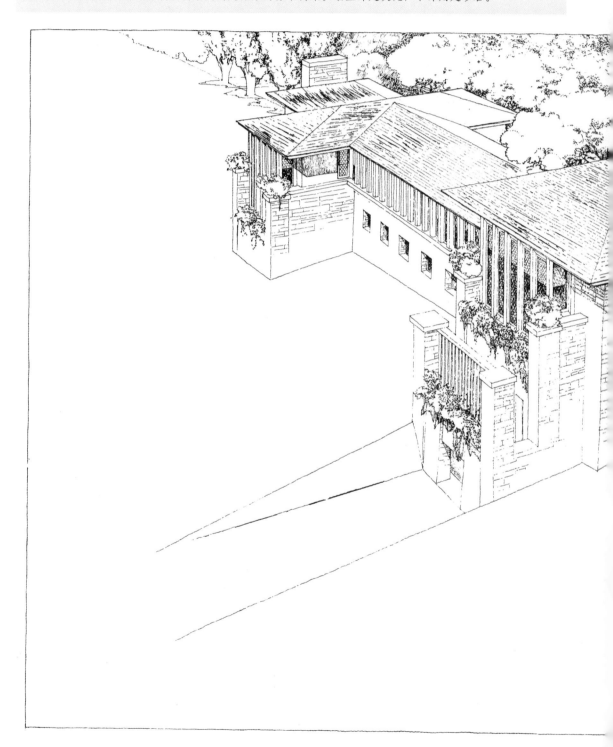

图 10a 山坡家庭学校透视图

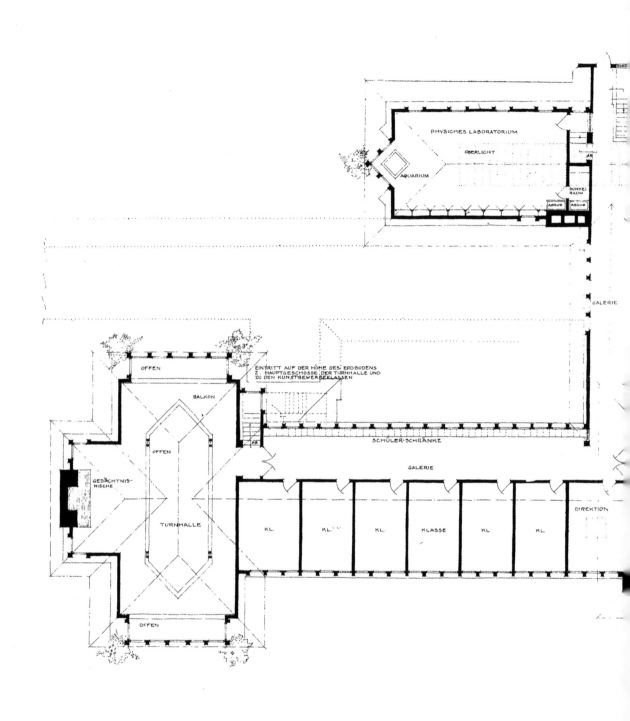

图 10b 山坡家庭学校底层平面图

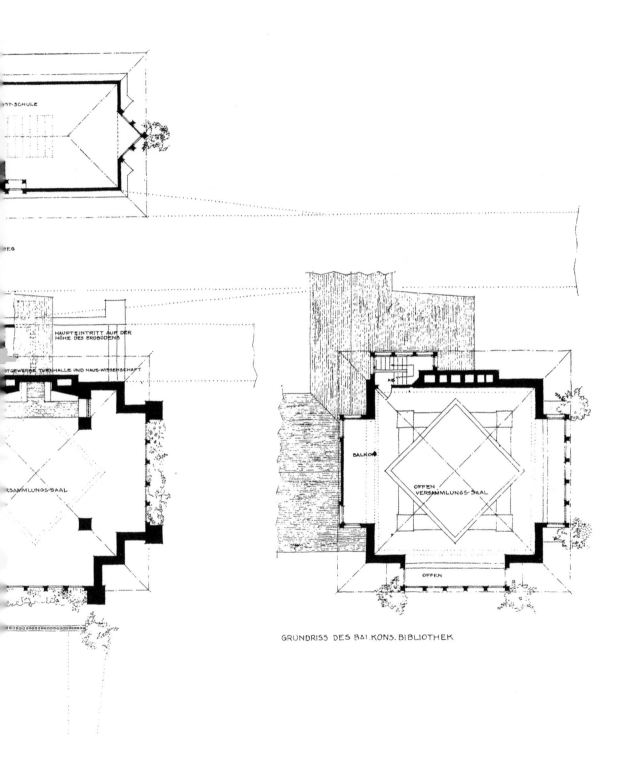

ST-SCHULE

EG

HAUPTEINTRITT AUF DER
HÖHE DES ERDBODENS

TGEWERBE, TURNHALLE UND HAUS-WISSENSCHAFT

RSAMMLUNGS-SAAL

AB

BALKON

OFFEN
VERSAMMLUNGS-SAAL

OFFEN

GRUNDRISS DES BALKONS. BIBLIOTHEK

# 里弗福雷斯特高尔夫俱乐部

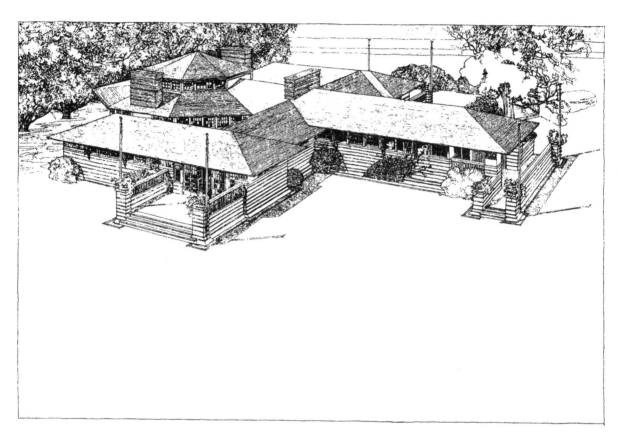

图 11a 里弗福雷斯特高尔夫俱乐部鸟瞰图

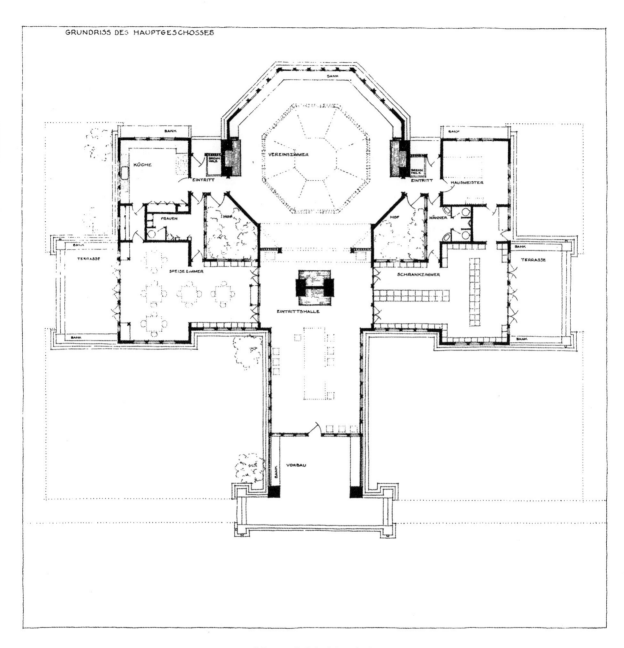

图 11b 里弗福雷斯特高尔夫俱乐部底层平面图

# 某小城混凝土银行建筑

这是一座用砖建造的乡村银行建筑。

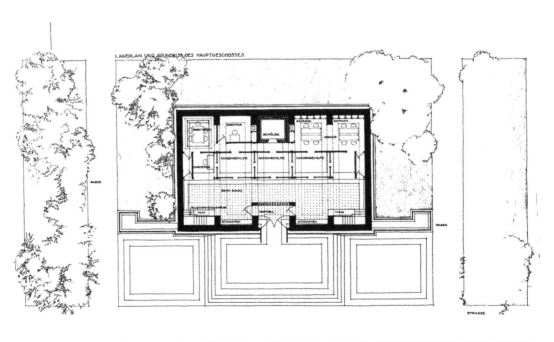

图 12a 某小城混凝土银行建筑透视图和平面图

图 12b 某小城混凝土银行建筑剖透视图

# "四分街区规划"布局组群中一个单元的典型住宅

这是一个划分地产的新方案。设计时，借助一条通过中心的私有小道把通常的美国街区分为两部分，然后在每一半上每四个为一组将住宅分组。

住宅如此布置，以求获取最大限度的隐私。位置的各种优势都有可能实现。

图 13a 住宅透视图

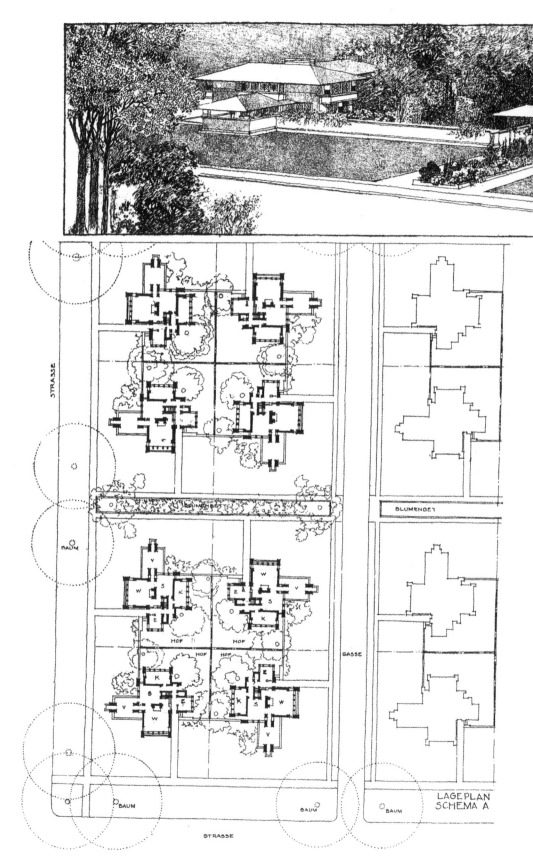

图 13b 四分街区规划

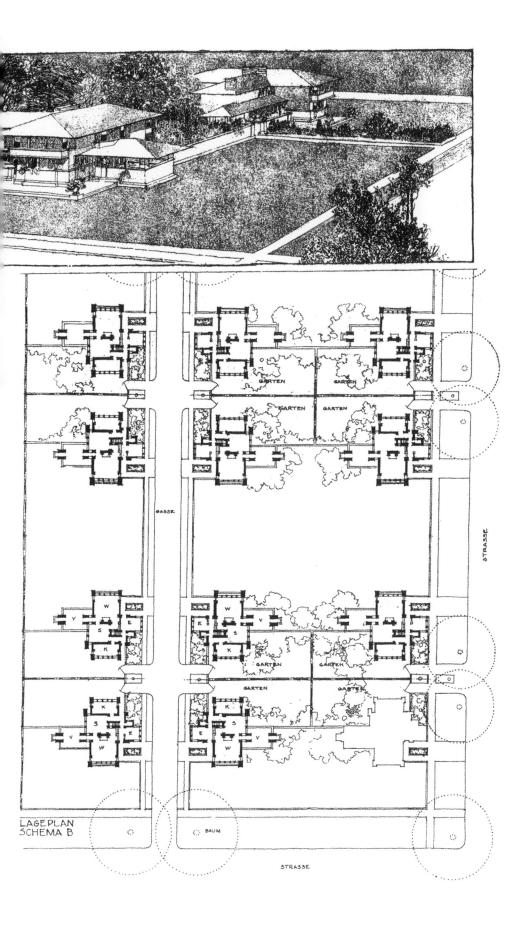

LAGEPLAN
SCHEMA B

STRASSE

GASSE

GARTEN

BAUM

# 为妇女家庭杂志社设计的混凝土住宅

这座住宅四边相似，以寻求形式上的简洁。入口设在一边，此外还有格子棚架露台。

烟囱支撑着楼层，接收从屋顶流下的水。

挑檐底面贴上了方形的彩色瓷砖，而有些开口是为了夏季促进空气流通。住宅以两种方式放置在地块上，就像方案 A、B 所示。

图 14a 住宅透视图

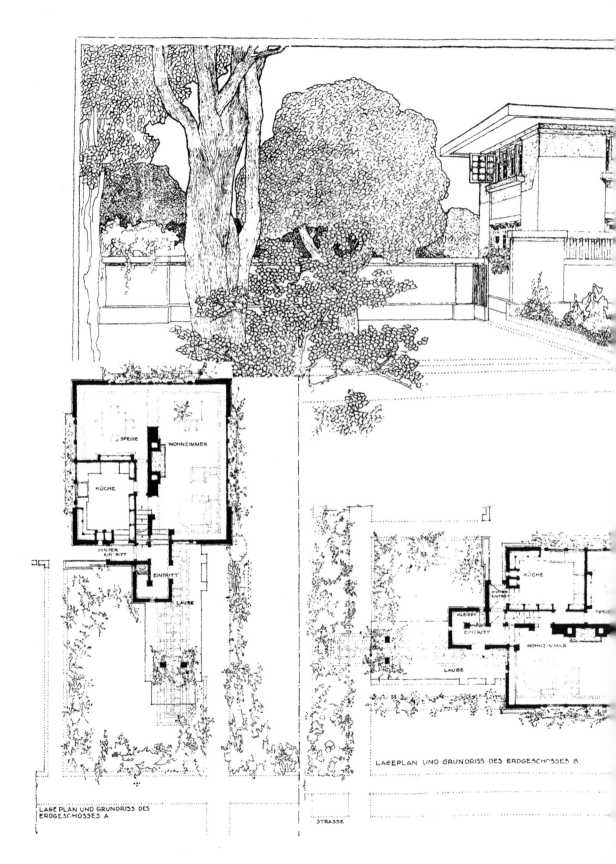

SPEISE · WOHNZIMMER

KÜCHE

HINTER EINTRITT

KLEIDER · EINTRITT

LAUBE

LAGE PLAN UND GRUNDRISS DES ERDGESCHOSSES A

KÜCHE

HINTER EINTRITT

KLEIDER · EINTRITT

SPEISE

WOHNZIMMER

LAUBE

LAGEPLAN UND GRUNDRISS DES ERDGESCHOSSES B

STRASSE

图 14b 住宅透视图和底层平面图

TERRASSE

SCHLAFZIMMER

BAD

SCHLAFZIMMER

SCHLAFZIMMER

SCHLAFZIMMER

GRUNDRISS DES SCHLAFZIMMERS

# 哈迪住宅

（威斯康星州拉辛）

图 15a 哈迪住宅透视图 1

39

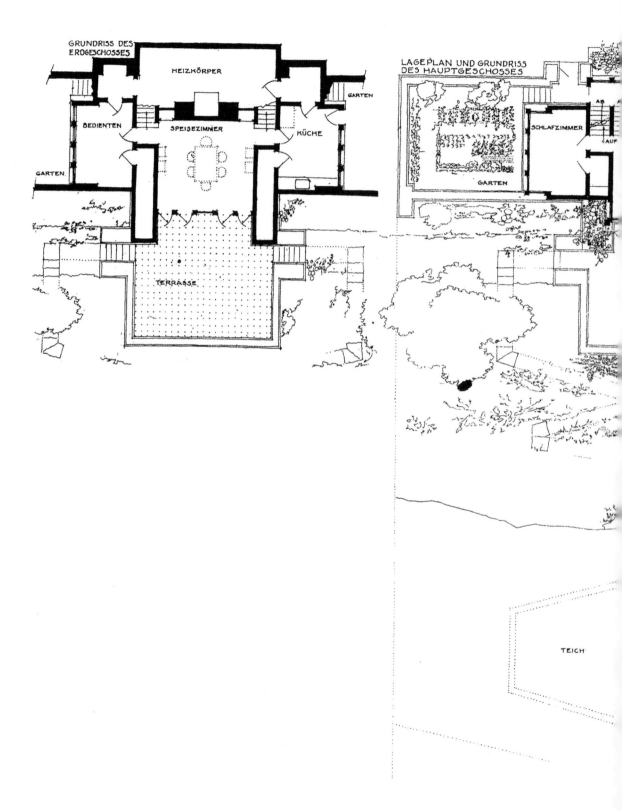

GRUNDRISS DES
ERDGESCHOSSES

HEIZKÖRPER

BEDIENTEN

SPEISEZIMMER

KÜCHE

GARTEN

GARTEN

TERRASSE

LAGEPLAN UND GRUNDRISS
DES HAUPTGESCHOSSES

SCHLAFZIMMER

AB

AUF

GARTEN

TEICH

图 15b 哈迪住宅底层平面图

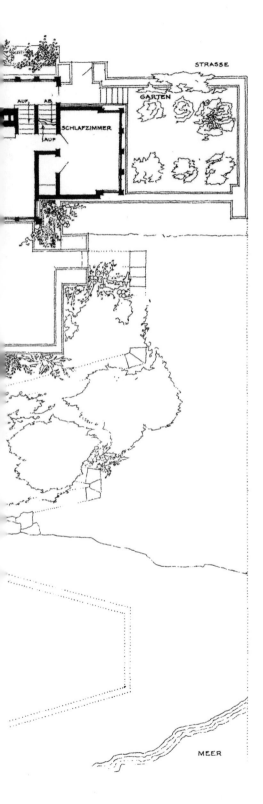

STRASSE

GARTEN

AUF AB

SCHLAFZIMMER

AUF

MEER

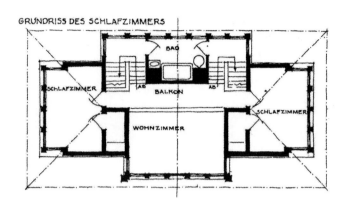

GRUNDRISS DES SCHLAFZIMMERS

BAD

SCHLAFZIMMER

AB

BALKON

AB

SCHLAFZIMMER

WOHNZIMMER

图 15c 哈迪住宅透视图 2

# 乌尔曼住宅

这是罗伯特·克拉克住宅（皮奥里亚）方案进一步发展的结果。餐厅被布置在花园层，带顶的门廊位于其上方。这两者均可直接从起居室进入。厨房与餐厅和中间层楼梯平台处在同一平面上。书房和佣人房则与门廊处在一个平面上。卧室则在上方。

图 16a 乌尔曼住宅透视图和韦斯科特住宅透视图

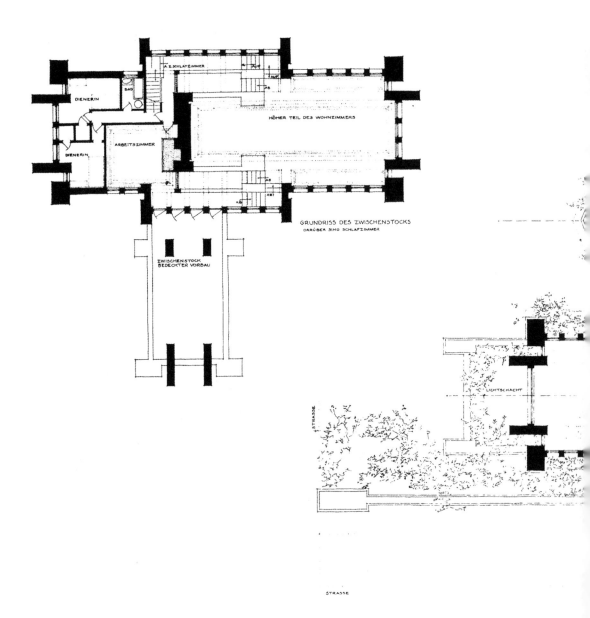

图 16b  乌尔曼住宅底层平面图

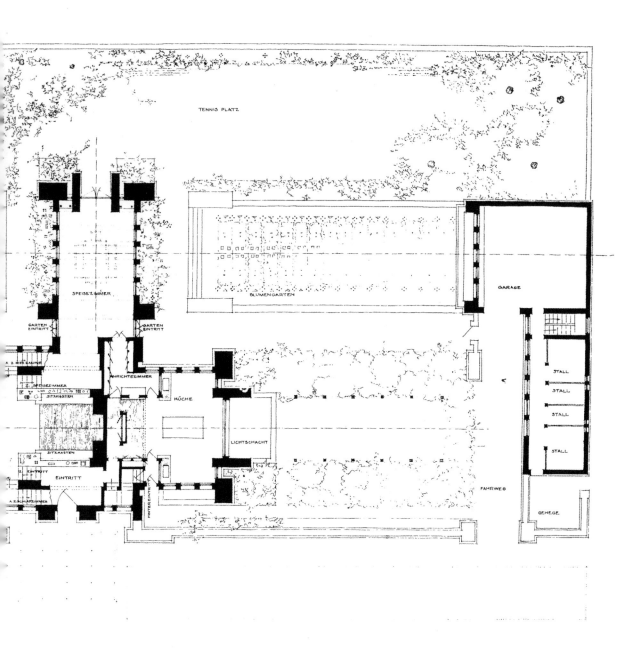

TENNIS PLATZ

BLUMENGARTEN

GARAGE

SPEISEZIMMER

GARTEN
EINTRITT

GARTEN
EINTRITT

STALL

STALL

STALL

STALL

ANRICHTEZIMMER

KÜCHE

A.Z. MÄDCHEN

A. SCHLAFZIMMER
SITZKASTEN

LICHTSCHACHT

SITZKASTEN

FAHRWEG

Z. EINTRITT

EINTRITT

A. SCHLAFZIMMER

HINTEREINTRITT

GEHEGE

# 希思城市住宅

(纽约布法罗，1903 年)

图 17a 希思城市住宅透视图

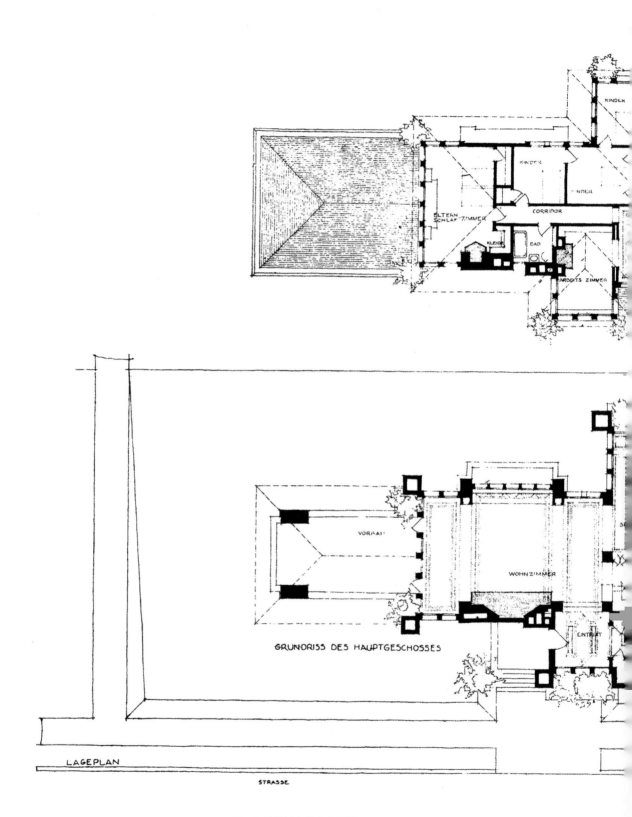

图 17b 希思城市住宅底层平面图

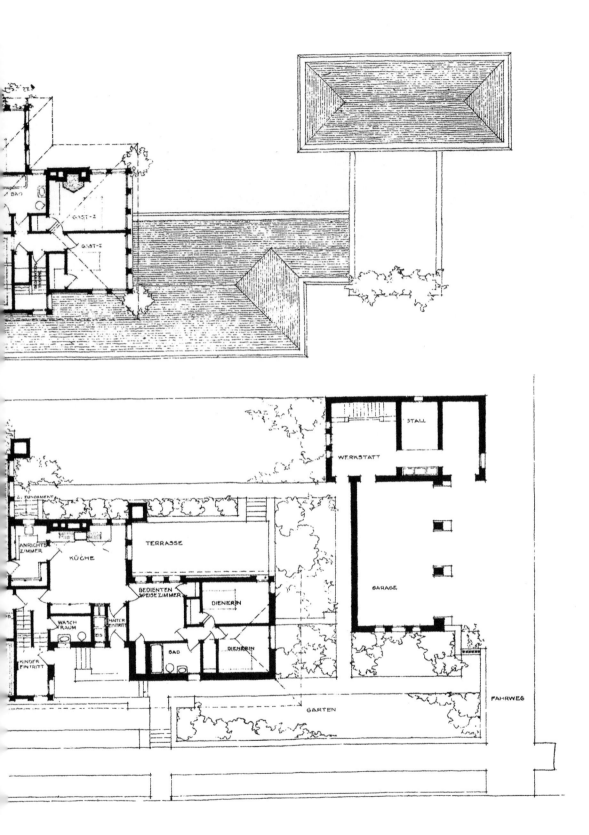

# 弗兰克·托马斯郊区住宅

(伊利诺伊州奥克帕克, 1904 年)

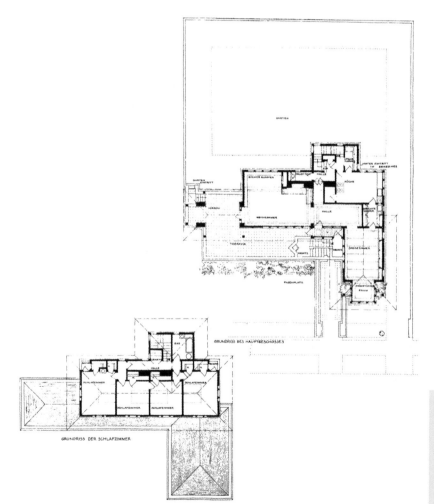

木构架上涂上灰泥。没有开挖地下室,所有房间都在地面以上。该住宅为草原风格建筑。

图 18 弗兰克·托马斯郊区住宅透视图和平面图

# 马丁夫人郊区住宅

(伊利诺伊州里弗福雷斯特，1901 年)

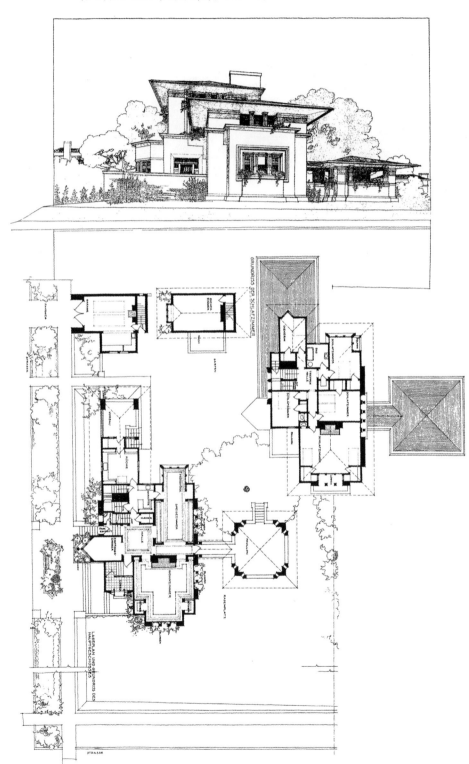

针对门廊问题，给出实用的解决方案。它被作为半独立式亭处理，布置于南面的庭园之中，但没有回避来自起居室的自然光。这座住宅是灰泥住宅，屋檐作了形式设计。

图 19 马丁夫人郊区住宅透视图和平面图

# 阿瑟·厄尔特利住宅

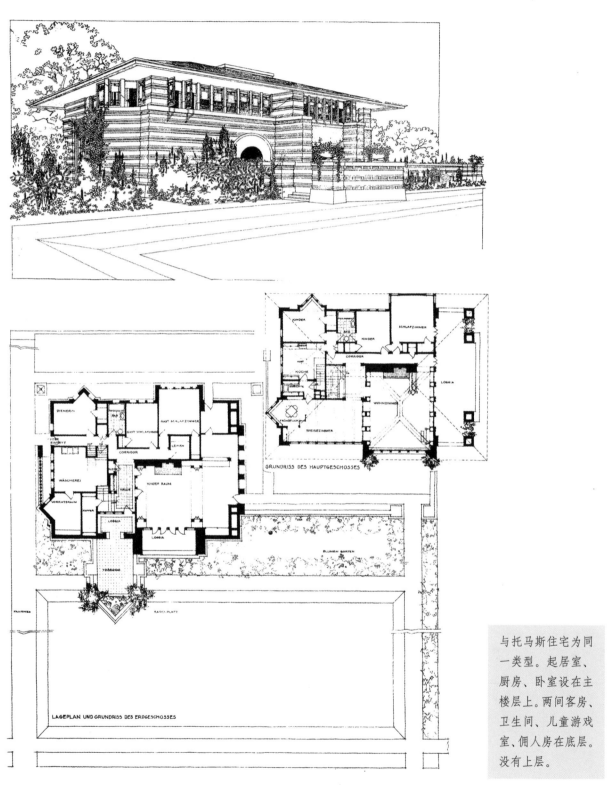

与托马斯住宅为同一类型。起居室、厨房、卧室设在主楼层上。两间客房、卫生间、儿童游戏室、佣人房在底层。没有上层。

图 20 阿瑟·厄尔特利住宅透视图和平面图

# 马丁（W. E. Martin）住宅

（伊利诺伊州奥克帕克）

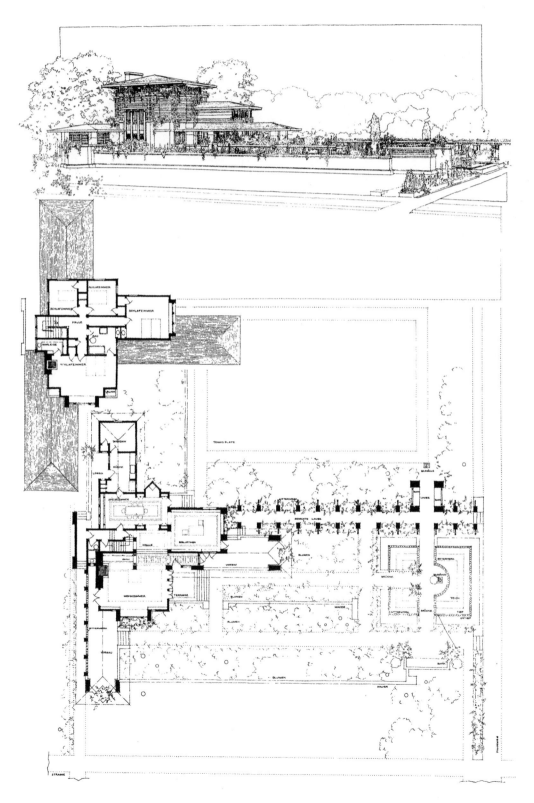

图 21 马丁住宅透视图和平面图

# 哈利·布拉德利住宅

(伊利诺伊州坎卡基)

两种地毯图案。

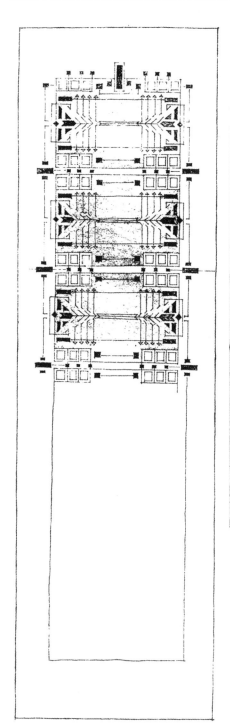

图 22 哈利·布拉德利住宅的起居室

# 柯蒂斯出版公司的典型低成本郊区住宅

(伊利诺伊州坎卡基)

图 23 住宅透视图和平面图

LAKEPLAN
SCHEMA B

# 沃伦·希科克斯郊区住宅

(伊利诺伊州坎卡基，1900 年)

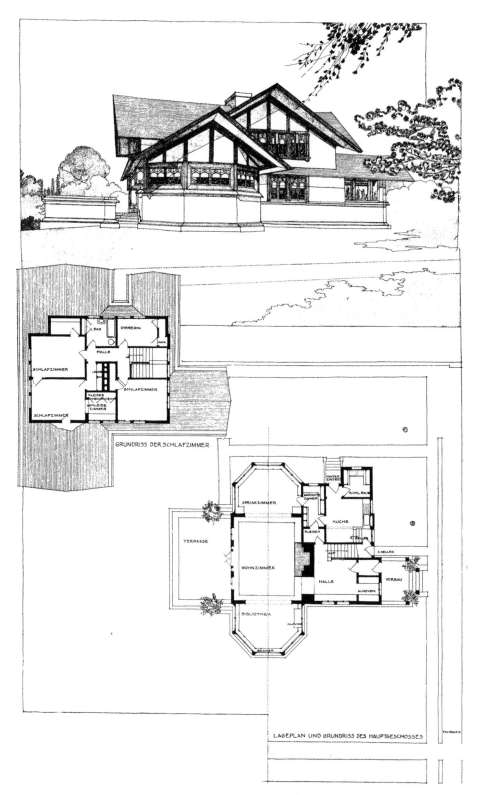

图 24 沃伦·希科克斯郊区住宅透视图和平面图

# 马丁砖混住宅

（纽约布法罗）

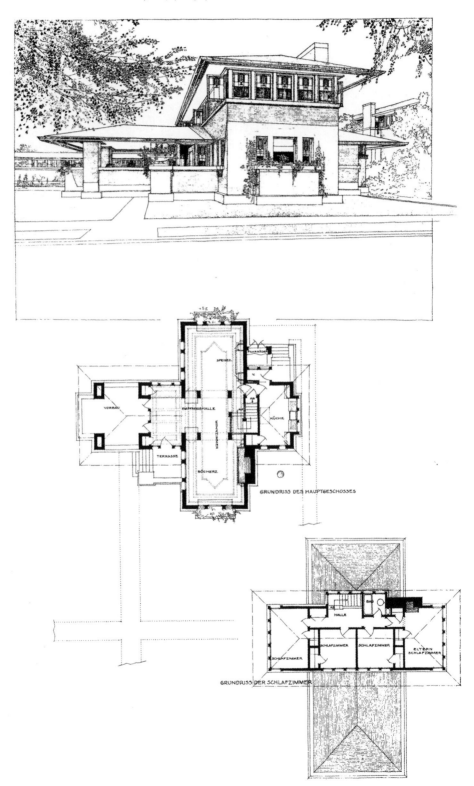

这是更大的马丁住宅群中的一座，作为一座独立的住宅而存在。它的建筑平面源于地处奥斯丁的瓦尔泽住宅。主楼层是一个大房间，一边是入口和门廊，另一边则是楼梯和厨房。

图 25 马丁砖混住宅透视图与平面图

# 沃德·威利茨别墅

(伊利诺伊州海兰帕克)

这是一座木屋，外部在金属板条上涂抹水泥灰泥。地基和基层使用水泥。门窗贴脸使用木材。

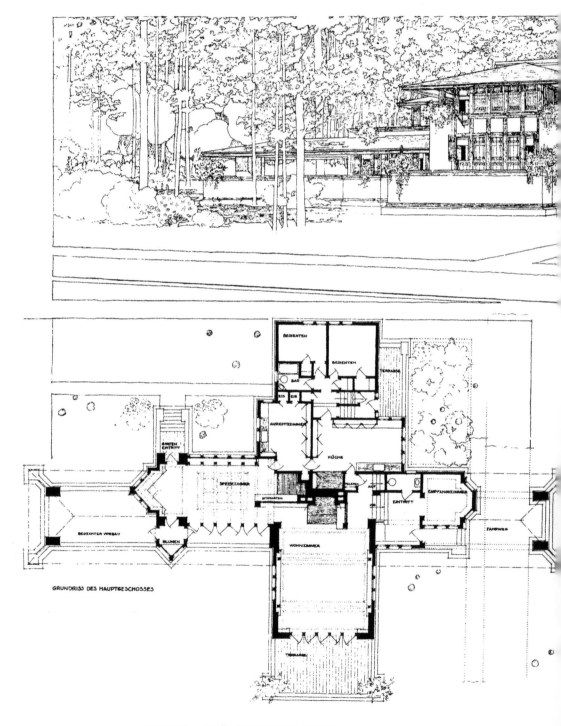

图 26 沃德·威利茨别墅透视图和底层平面图

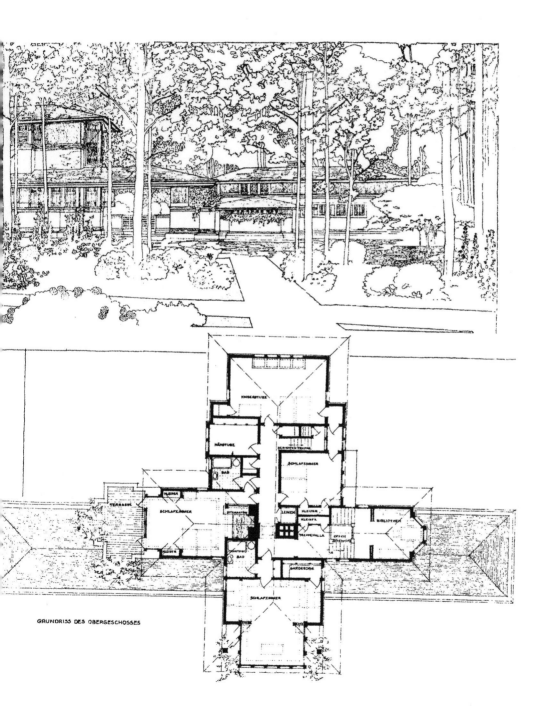

GRUNDRISS DES OBERGESCHOSSES

# 亨德森乡村住宅

（伊利诺伊州埃尔姆赫斯特）

这座灰泥住宅底部为水泥，带有木镶边装饰，尽端有凹室，这种做法源于沃伦·希科克斯乡村住宅。

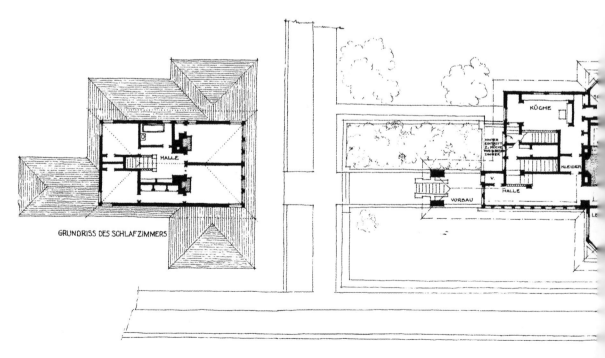

图27 亨德森乡村住宅透视图和平面图

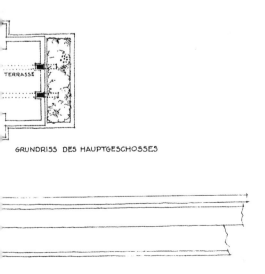

TERRASSE

GRUNDRISS DES HAUPTGESCHOSSES

# 利特尔住宅

(伊利诺伊州皮奥里亚, 1900 年)

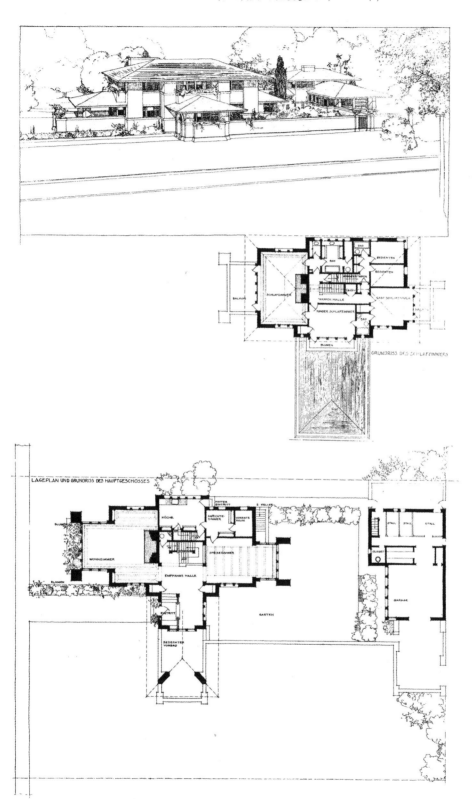

这是一座用砖建造的住宅。平面设计与最终建成的住宅的一致。

图 28 利特尔住宅透视图和平面图

# 罗兹住宅

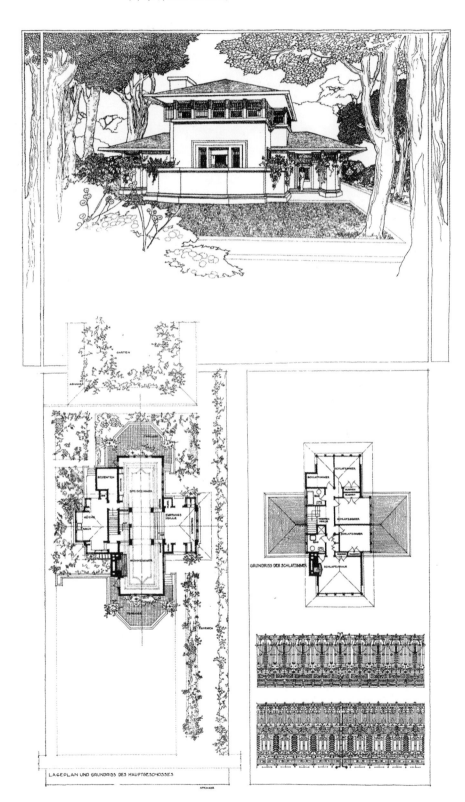

这座住宅的主楼层作为一个单独的大空间使用，安装了实用的纱窗。厨房和入口分开布置。与瓦尔泽住宅、马丁住宅、亨德森住宅和希科克斯住宅类似。

**图 29 罗兹住宅透视图与平面图**

65

# 切尼住宅

(伊利诺伊州奥克帕克，1904 年)

一层的砖房坐落在花园，而花园则被砖墙围起。卧室与起居室中间隔着走廊。
供暖房、洗衣室、储物间和佣人房设在地下层。

图 30a 带地下室的切尼住宅

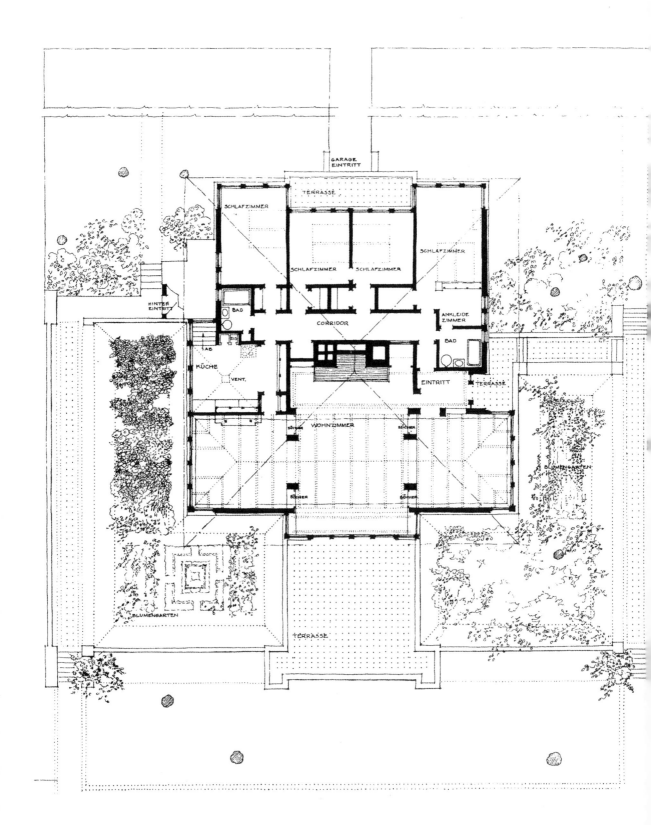

图 30b 切尼住宅底层平面图和一层艺术家住宅底层平面图

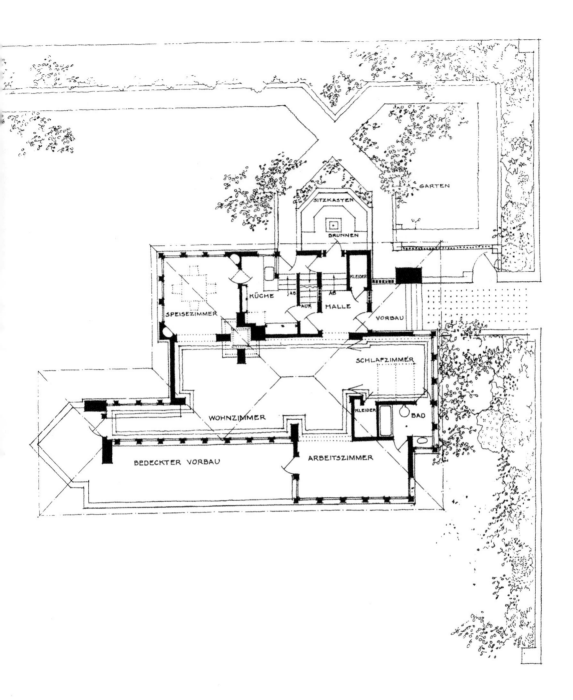

GARTEN

SITZKASTEN

BRUNNEN

KÜCHE

AB

AB

AUR

HALLE

KLEIDER

SPEISEZIMMER

VORBAU

SCHLAFZIMMER

KLEIDER

BAD

WOHNZIMMER

BEDECKTER VORBAU

ARBEITSZIMMER

69

# 苏珊·劳伦斯·达纳城市住宅

(伊利诺伊州斯普林菲尔德，1899 年)

设计此宅，以容纳主人的艺术收藏品，而且为了可以独自娱乐，在一定程度上精心设计了细节。

设计了室内固定设施和家具。它不是全新的。老房子，也被整合到这一结构中，在平面图上由粗线勾勒出来。

画廊被设计为社区艺术活动的聚集地，陈设着主人的收藏品。它通过带顶走道与房子相连，而走道本身成了一个暖房。

图 31a 达纳住宅全景图

大厅、餐厅和画廊占据两层，天花就是屋顶。入口的赤陶人物塑像是雕塑家理德·博克的作品。内墙是奶油色砖块砌筑而成的。木构件由大量引人注目的红橡木制成。砂面灰泥天花装上了木拱肋。围绕着餐厅的是漆树（这座房子装饰的植物主题）装饰和秋季花卉，它们给乔治·尼德肯设计的砂面背景带来了色彩。

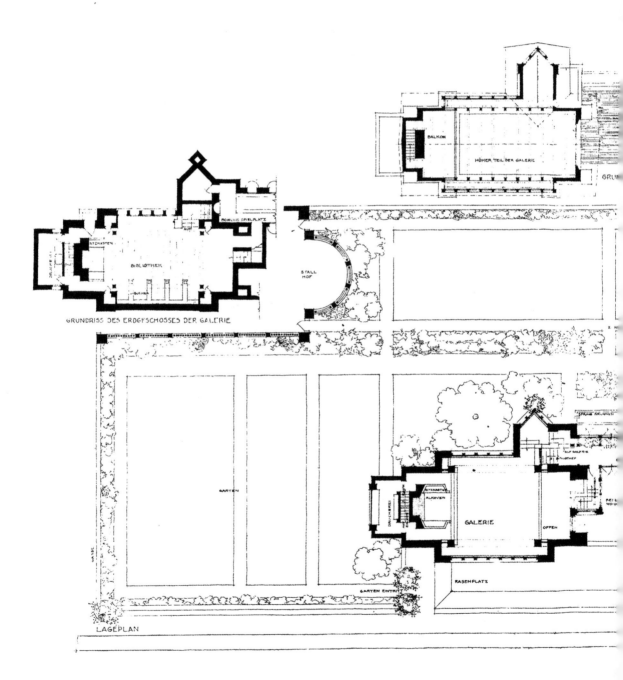

图 31b 达纳住宅底层平面图

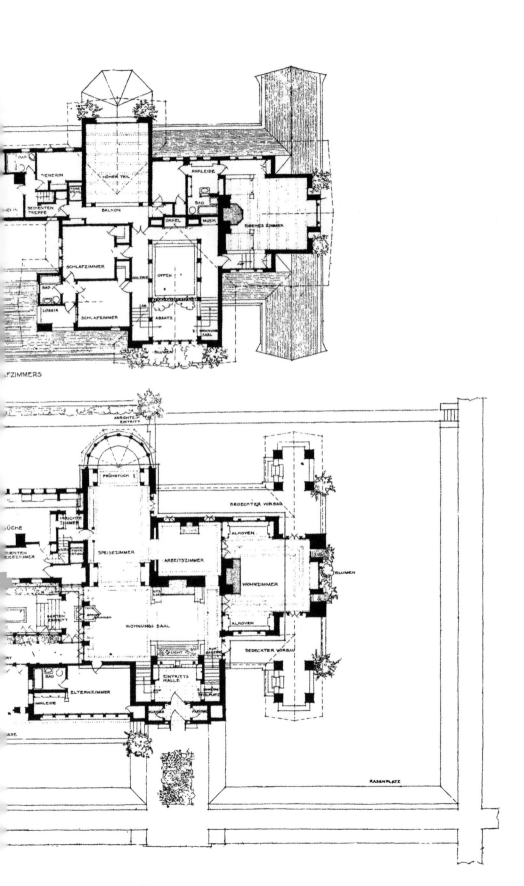

图 31c 达纳住宅侧视图

74

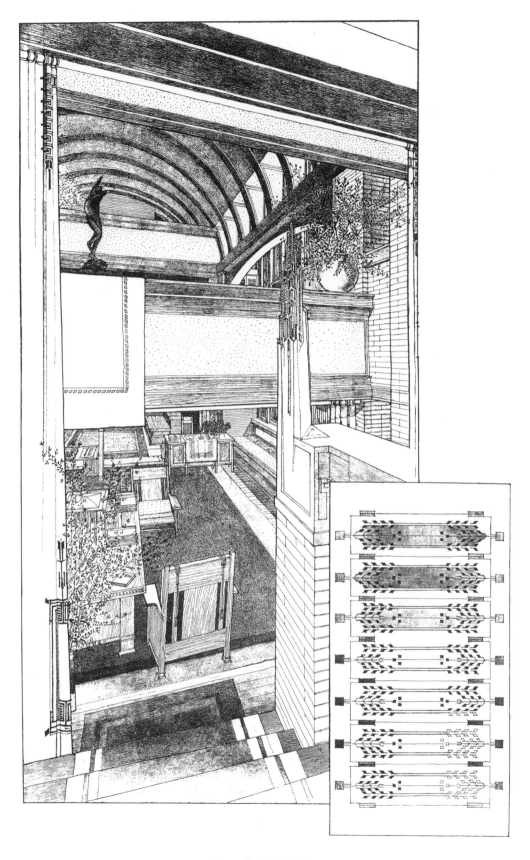

图 31d 达纳住宅内景

# 马丁（D. D. Martin）住宅

（纽约布法罗，1904 年）

马丁住宅总体规划，从其若干组独立支柱可见一斑。在支柱形成的中央室中，安装了暖气片，照明装置集中设置在支柱上。书柜向外转动，被放置支柱下方中间处。上方的开放式空间被用于储存东西，从这些空间热量进入各个房间。新鲜空气通过支柱与书柜之间的开口进入中央室。暖气片和附属系统于是成为建筑的艺术特征。

图 32a 马丁住宅透视图

马丁住宅具有防火功能，墙是砖砌的，钢筋混凝土楼层覆上陶瓷马赛克；屋顶覆以瓦片。运用在外墙上的釉面砖，和古铜色结合件一起，也运用在室内的墙和柱上。内表面的砖颇具装饰感，作为马赛克使用。各处的木构件是经氨熏后的白橡木。棚架连接起房子和暖房，而暖房反过来通过一条上有遮挡的路与马厩相连。

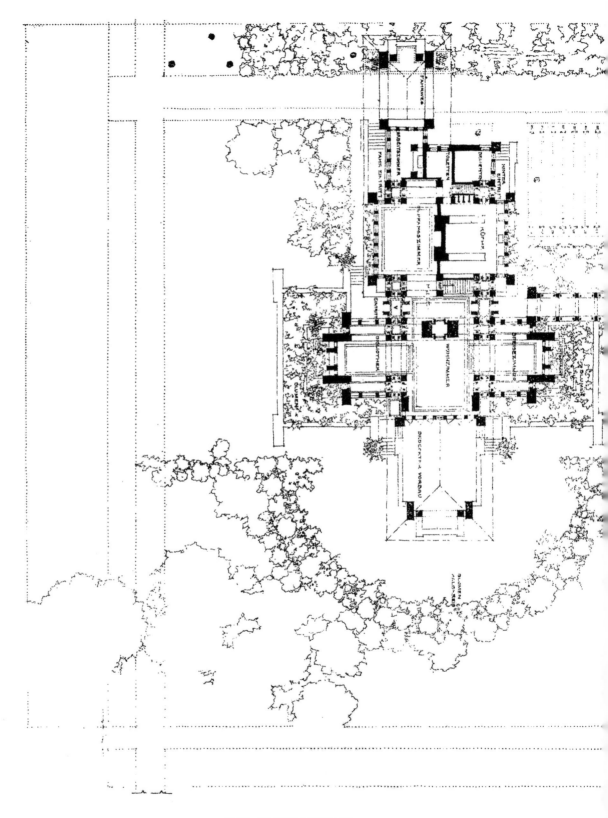

图 32b 马丁住宅底层平面图

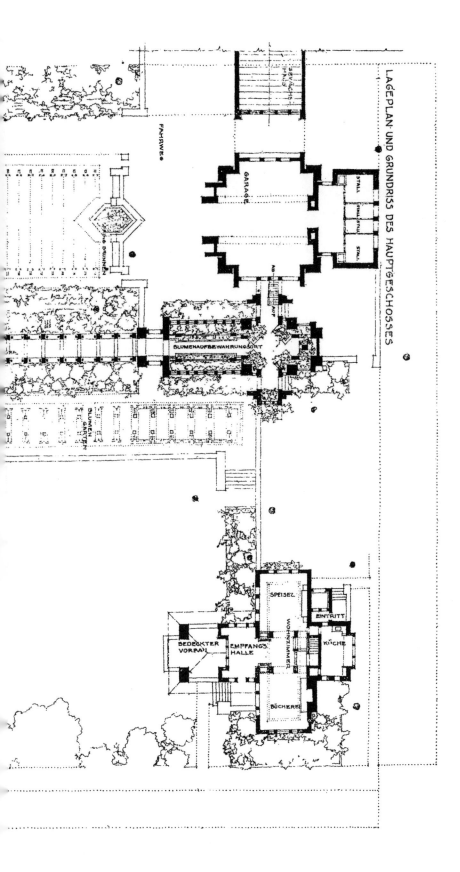

LAGEPLAN UND GRUNDRISS DES HAUPTGESCHOSSES

FAHRWEG

GEWÄCHS-HAUS

GARAGE

STALL

STALL STALL

STALL

BRUNNEN

BLUMENGARTEN

BLUMENAUFBEWAHRUNGSORT

SPEISEZ.

EINTRITT

WOHNZIMMER

KÜCHE

BEDECKTER VORBAU

EMPFANGS-HALLE

BÜCHEREI

79

# 拉金大厦

(纽约布法罗，1903 年)

拉金大厦（即拉金公司办公楼）是布法罗工厂区的工厂建筑之一。它提供一些明亮、安全和通风良好的地方来放置拉金公司商用发动机。随之而来，给地方带来烟尘、噪声和废物的问题使得以下需要成为必需：所有外表面具有自净功能，内部建造必须独立于环境。大楼是在某些实用条件上简单发展而来的，外部是简洁陡直的砖墙，仅有的"装饰"特色是中心通道的外部表达，通过主体两端的雕刻柱实现。各种附属系统的机械装置、管道竖井、采暖和通风口，以及同时作为安全疏散通道的楼梯，在平面中被分为四部分，分别设置在大楼外部四个外角上，不具有办公功能。这些楼梯间均是顶部采光。主楼的内部于是形成了一个单一的大空间，其中主楼层是画廊般的狭长空间，对巨大的中庭敞开，而且中庭也是顶部采光。各层的全部窗户在楼层的 2.1 米以上，窗户下面的空间被用来放置铁文件柜。窗扇是两扇，建筑实际上能够隔离尘土、气味和噪声，而新鲜空气通过在屋顶表面延伸的通风口进入建筑。内部通体由奶油色的釉面砖制成，地面和菱苦土镶边装饰也采用奶油色。各种特色镶边均在建筑内由简单的木模具制成，在大多数情况下就地直接烧制。因此，装饰形式必然简单，尤其在安装时这种材料变热，并在此过程中轻度膨胀。设备和家具都是钢制的，与结构一体设计。可由街道和主接待大厅进入的前厅，以及员工盥洗室和卫生间，都位于一个附属建筑内，而这个附属建筑没有阻断主办公室区的光线。第五层是员工餐厅，其暖房位于夹层，在厨房和面包房之上，朝着主屋顶敞开。所有这些构成了员工的娱乐场。这个完全防火的结构，连同现代采暖、通风和附属系统，剔除金属固定设施和家具，花费几乎与高端防火工厂建筑一样。这里，大多数评论家眼中的"建筑"再次被忽视。因此，这件作品要求，把它作为像远洋班轮、火车头或战舰"艺术品"来考虑。

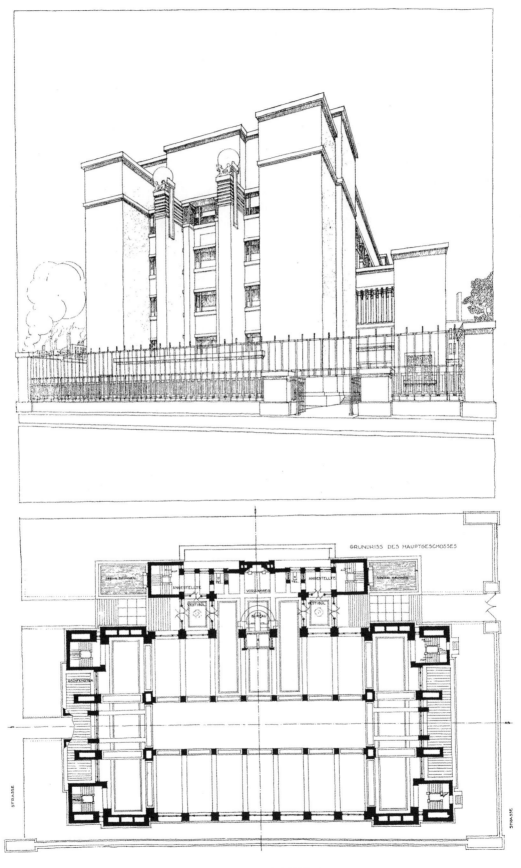

图 33a 拉金大厦透视图和底层平面图 1

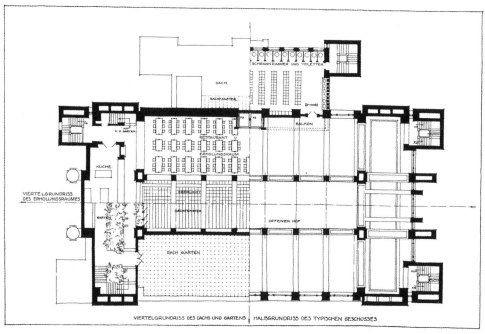

图 33b 拉金大厦透视图和底层平面图 2

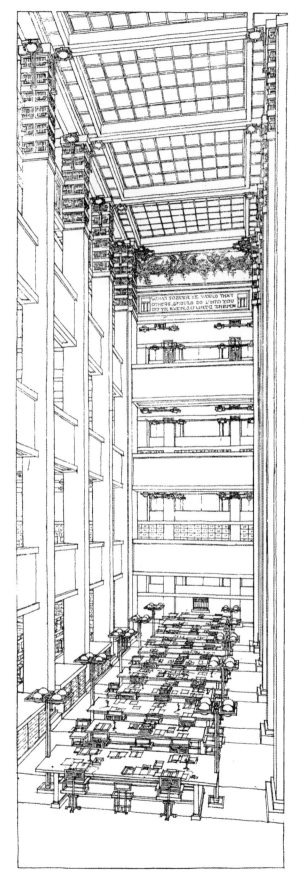

图 33c 拉金大厦内部

# 撒克斯特·肖乡村住宅

(加拿大蒙特利尔)

位于蒙特利尔的山边花岗岩住宅设计。顺着车道，从任意一边进入基地，然后来到住宅前面，此处设置了一个露台。走过入口，穿过露台之上的凉廊，便来到主层的起居室。入口与后部和边上的花园处在同一平面上。卧室在上边。封闭式花园在前面，处于露台之下。

图 34a 撒克斯特·肖乡村住宅透视图

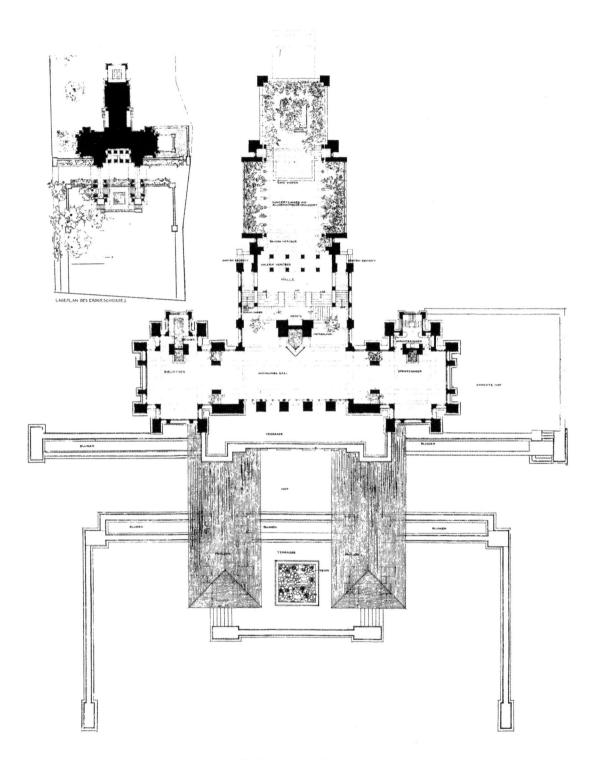

图 34b 撒克斯特·肖乡村住宅底层平面图

# 托梅克郊区住宅

(伊利诺伊州里弗赛得)

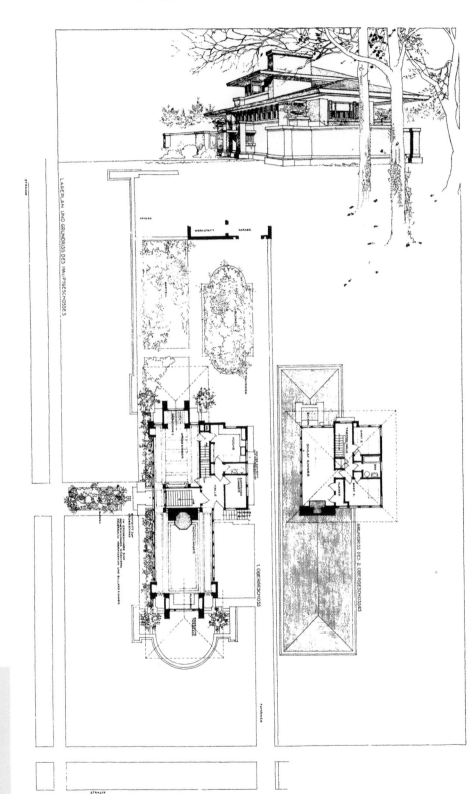

典型的草原风格住宅。与托马斯住宅、厄尔特利住宅和孔利住宅类似。此平面后被借鉴到罗比住宅平面中。

图 35 托梅克郊区住宅透视图和平面图

# 拉金公司的展览建筑和布朗书店

詹姆斯敦展会上拉金公司的展览建筑，包括一个展览厅和一个演讲室，由木材和灰泥制成。

布朗书店。一座狭长的市中心大楼变身为一家书店。墙体和天花被改造过，设有桌椅的凹室给顾客带来便利。书店采用了涂以奶油色灰泥的装饰板和墙、灰色的橡木构件、带有镶嵌黄铜的线条的象牙色

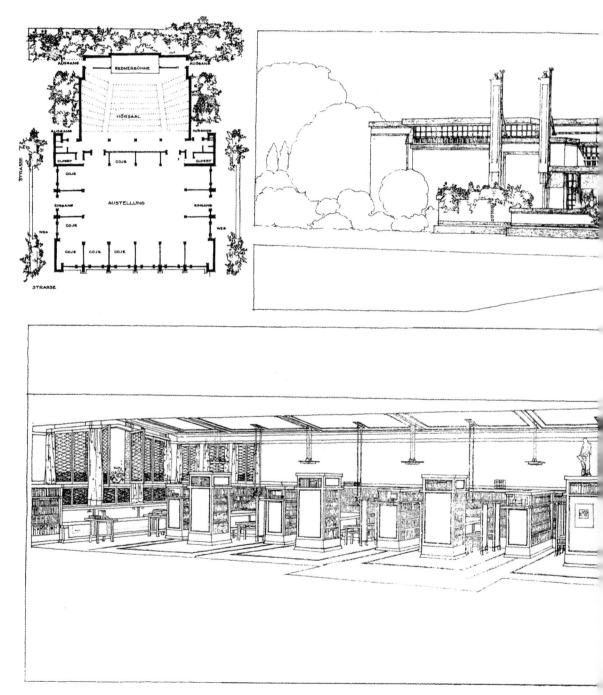

图 36 詹姆斯敦展会上拉金公司的展览建筑（上）以及布朗书店（下）

菱苦土地板，以及象牙色的玻璃和黄铜材质照明设备。天花从四周到中心有一定的斜度。末端窗户下的凹进处，是儿童角。

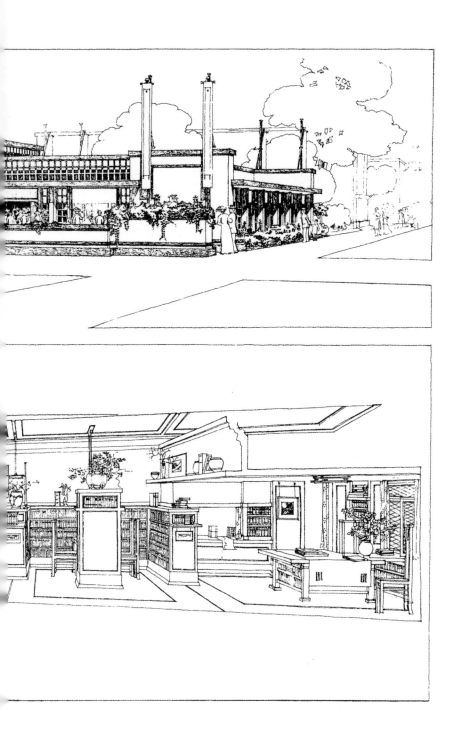

# 罗比住宅

(芝加哥伍德朗大道和 57 大街交口，1909 年)

这座城市住宅的正立面朝南。由细长的棕色砖块建成，石材镶边装饰。屋顶覆瓦，还有古铜色檐口。大单间式的住宅，与托梅克住宅、孔利住宅和托马斯住宅类似，适宜地向南敞开，带有阳台和封闭的花园。卧室还加入了观景台。车库与住宅相连，上有佣人室。除了加热和储煤处，没有别的开挖工程。

图 37a 弗雷德·罗比的城市住宅

这是实现内外部有机联系的住宅——简洁清晰的线条，以及保持特色和布置的开放和通风的低密度住宅设计。

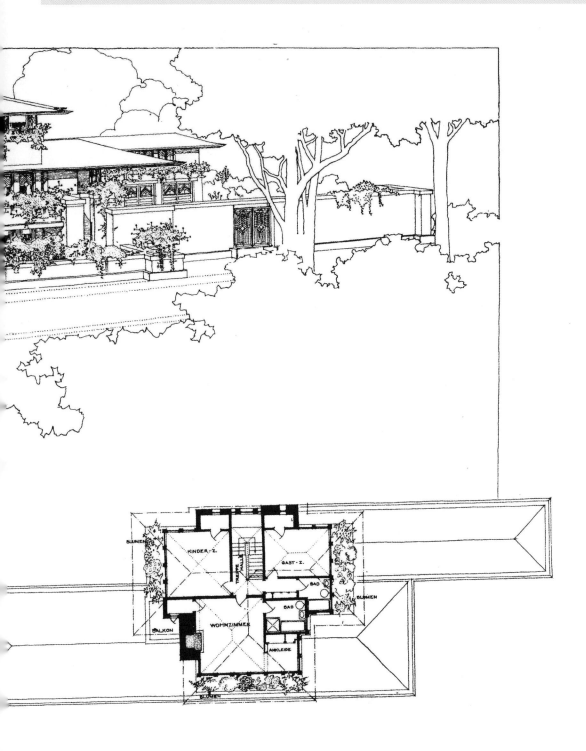

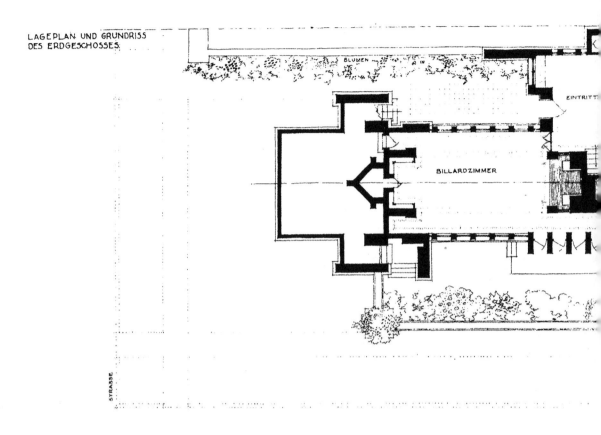

LAGEPLAN UND GRUNDRISS
DES ERDGESCHOSSES

BLUMEN

EINTRITT

BILLARDZIMMER

STRASSE

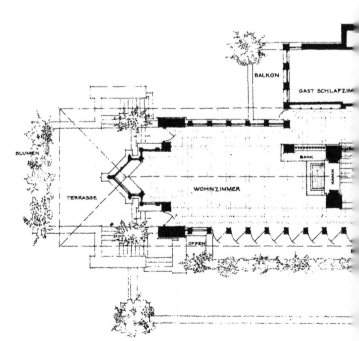

BALKON

GAST SCHLAFZIM

BLUMEN

BANK

WOHNZIMMER

TERRASSE

OFFEN

GRUNDRISS DES HAUPTGESCHOSSES

图 37b 罗比住宅底层平面图

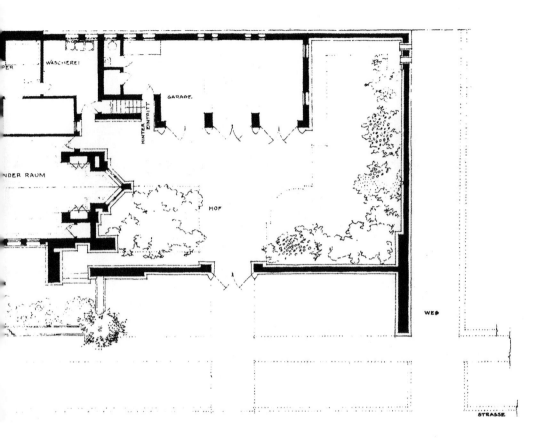

WÄSCHEREI

GARAGE.

HINTER EINTRITT

...DER RAUM

HOF

WEG

STRASSE

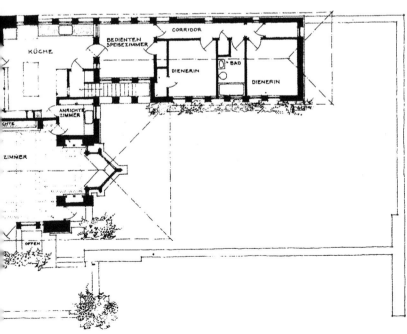

KÜCHE

BEDIENTEN SPEISEZIMMER

CORRIDOR

DIENERIN

BAD

DIENERIN

ANRICHTE ZIMMER

ZIMMER

OFFEN

# "马蹄"旅馆

(科罗拉多州埃斯蒂斯帕克)

这是一座坐落在科罗拉多山区中遍布青松的山坡上的夏日酒店。用未刨光木料建造；墙体安装了水平放置的宽木板，还使用了长条木；涂漆。烟囱使用的是粗糙、扁平的散石。

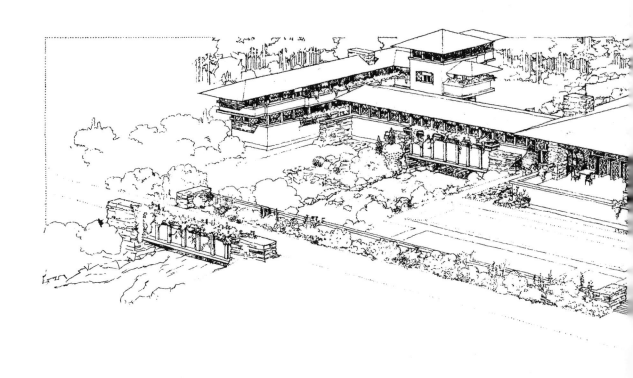

图 38a "马蹄"旅馆透视图

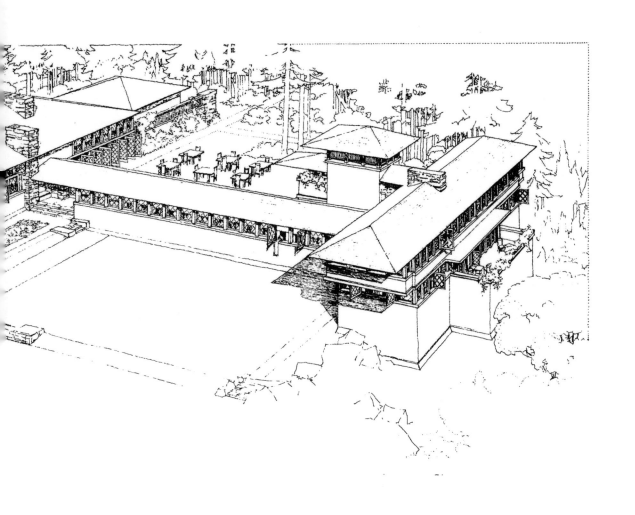

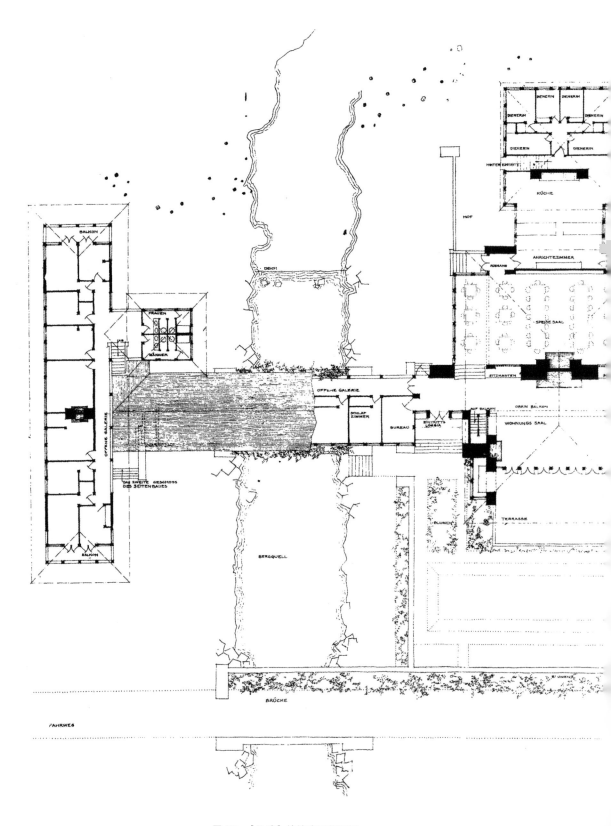

图 38b "马蹄" 旅馆底层平面图

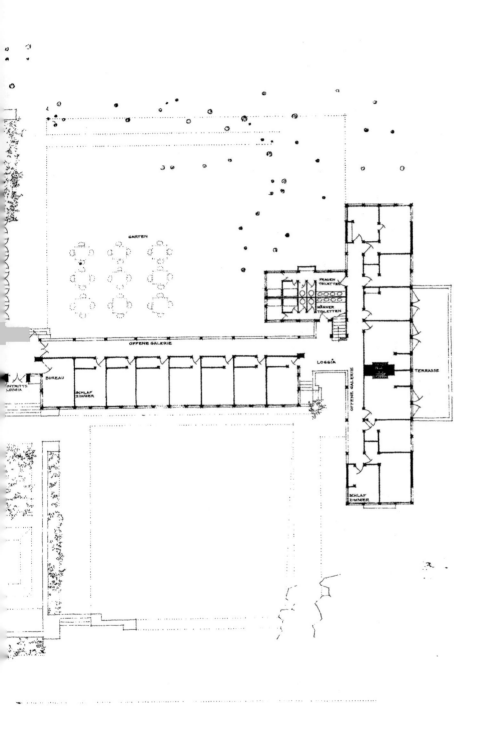

GARTEN

FRAUEN
TOILETTEN

MÄNNER
TOILETTEN

OFFENE GALERIE

LOGGIA

OFFENE GALERIE

TERRASSE

EINTRITTS
LOGGIA

BUREAU

SCHLAF
ZIMMER

SCHLAF
ZIMMER

# 克拉克郊区住宅

(伊利诺伊州皮奥里亚，1900 年)

餐厅位于起居室之下，有顶门廊之上，通过一段短楼梯可通达。从这一侧，可一览城市和河流风光。服务性设施设置在门廊中，这样门廊在夏日可兼作餐厅。它还与卧室层相连，甚至可以作为凉台使用。

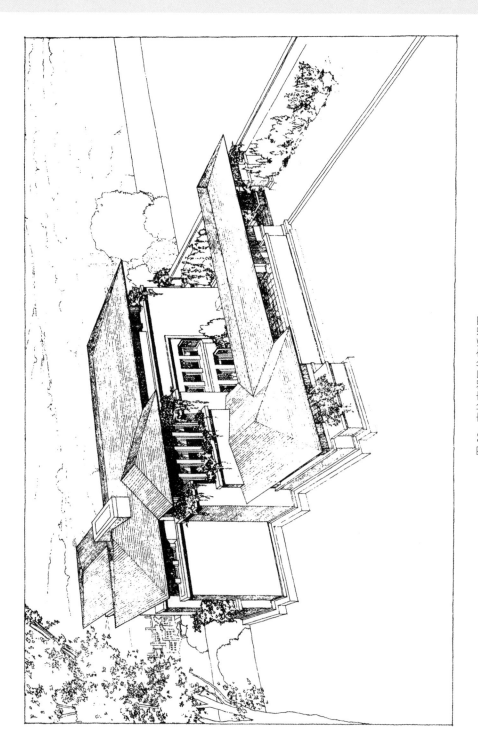

图 39a 克拉克郊区住宅透视图

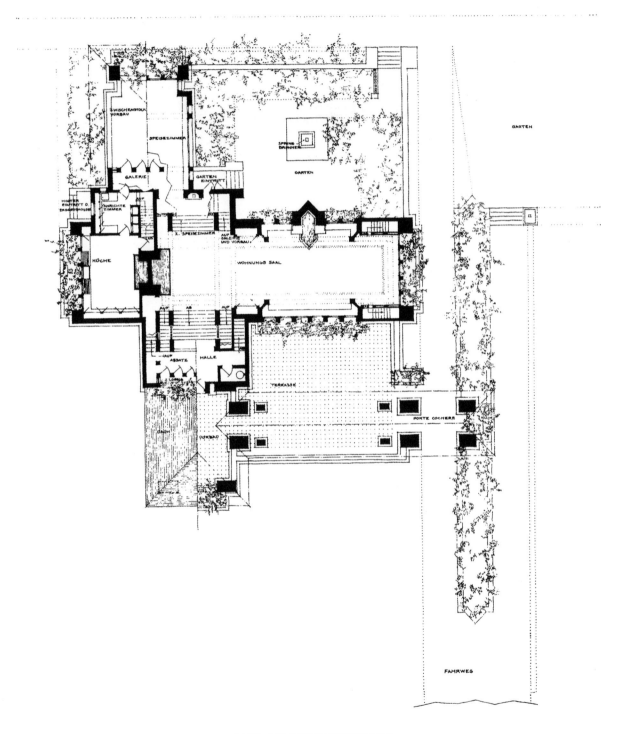

图 39b 克拉克郊区住宅底层平面图

# 格雷丝·富勒郊区别墅和沃勒的工人住宅

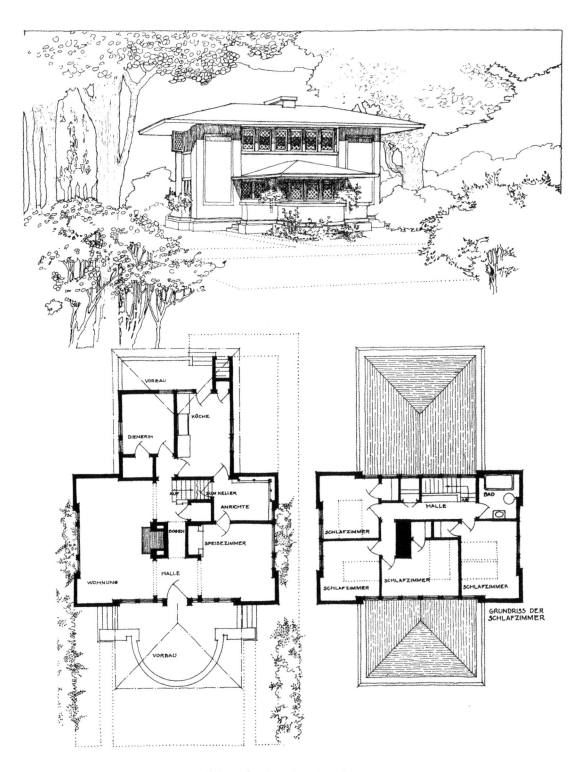

图 40a 格雷丝·富勒郊区别墅（伊利诺伊州格伦科）

两层，带地下室。

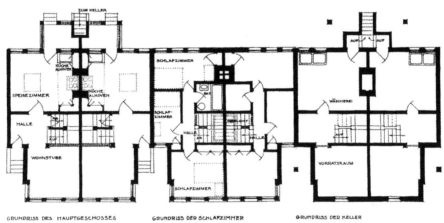

图 40b 沃勒的工人住宅（伊利诺伊州芝加哥）

# 佩蒂特纪念教堂

（伊利诺伊州贝尔维迪尔）

这是一座位于贝尔维迪尔的葬礼教堂，花费不多。

一间简单、毫无居家感的房间用来举办礼拜仪式，后部和两边有遮挡，人们可在此等车。

墓志和朴实无华的喷泉是它的特色，以纪念佩蒂特先生。

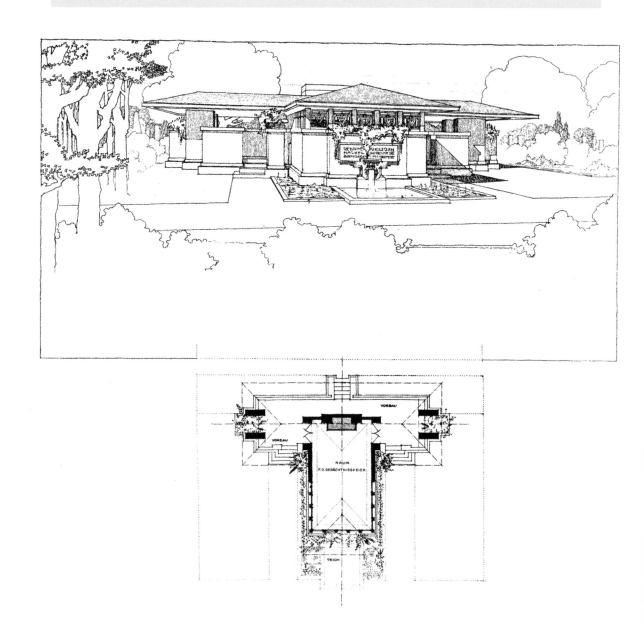

图 41a 佩蒂特纪念教堂透视图 1 和平面图

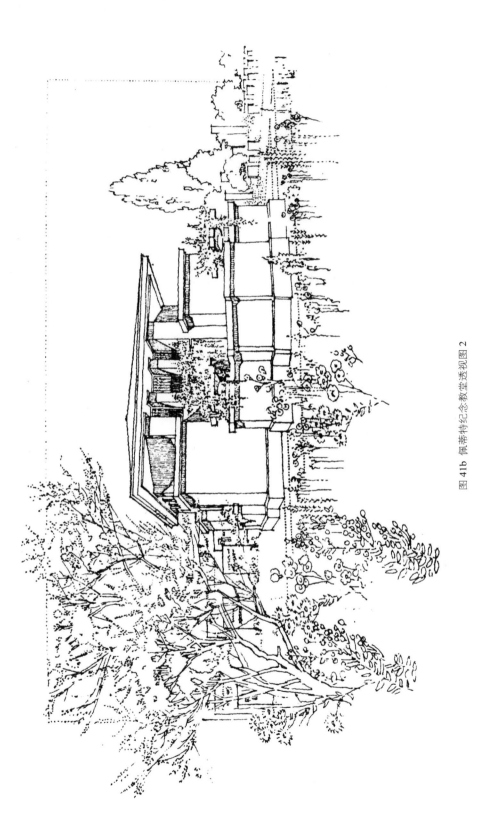

图 41b 佩蒂特纪念教堂透视图 2

# 里弗福雷斯特网球俱乐部

(伊利诺伊州里弗福雷斯特，1906 年)

一座简单的木建筑，作为里弗福雷斯特网球俱乐部所在地。其选址和规划都是为了看到网球场和拥有
一个上佳的舞池，以及一个炉边角落。
墙体由水平放置的宽木板制成，结合处覆以长木条。

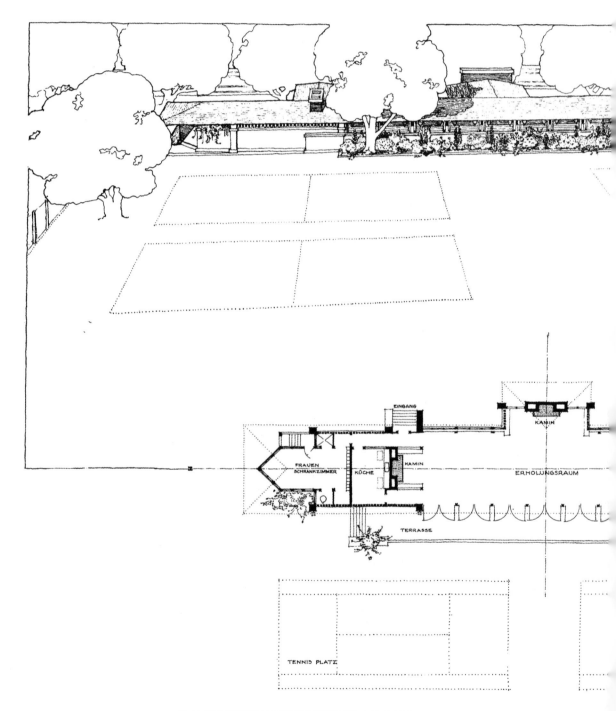

图 42 里弗福雷斯特网球俱乐部透视图和底层平面图

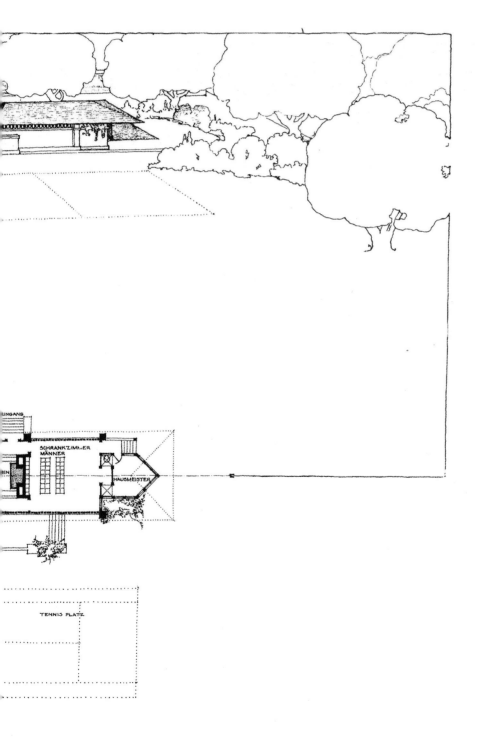

UNGANG

SCHRANKZIMMER
MÄNNER

HAUSMEISTER

TENNIS PLATZ

# 格拉斯纳住宅、斯图尔特板房和亚当斯住宅

河谷边缘简约的平房式木屋（格伦科）：

设计这座木屋，是为了避开佣人，尽管佣人的房间设在地下室。

起居室在冬季用作餐厅。在夏季，封闭的游廊可以使用。

图 43a1 格拉斯纳住宅透视图

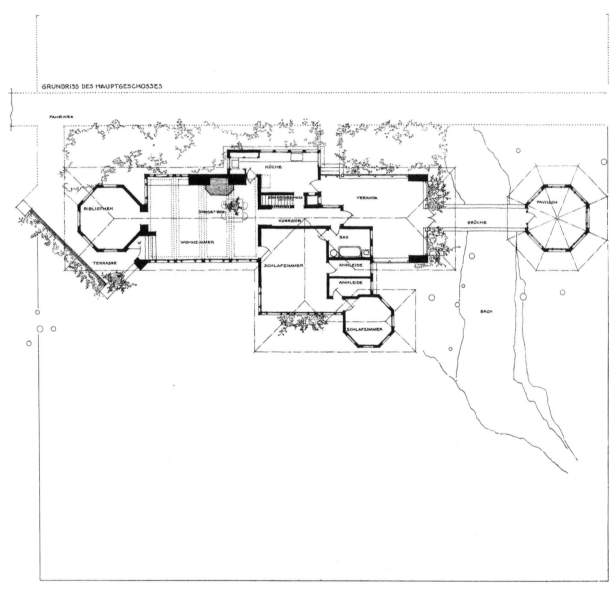

图 43a2 格拉斯纳住宅平面图

位于加利福尼亚州弗雷斯诺的斯图尔特板房。

位于伊利诺伊州海兰帕克的不规则的亚当斯住宅，仅有一层，位于湖畔、深谷旁。由灰泥和木材制成。

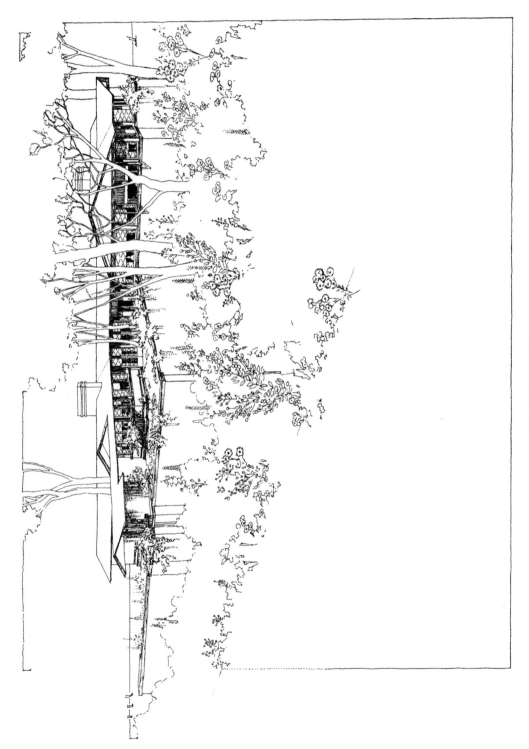

图 43b 斯图尔特板房

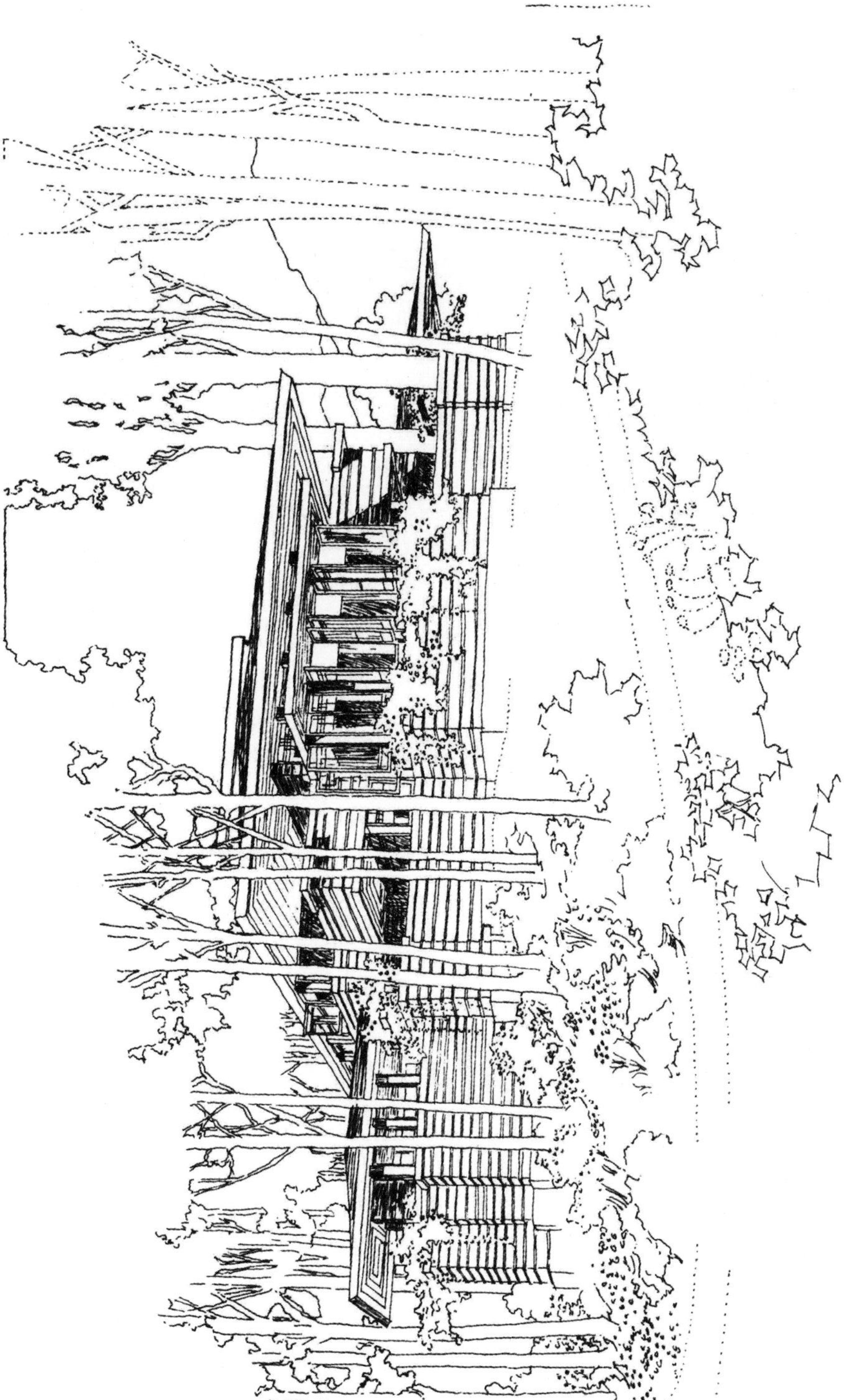

图 43c 亚当斯住宅

# 乔治·米勒德郊区住宅

(伊利诺伊州海兰帕克)

一座位于海兰帕克峡谷旁的林中木屋。

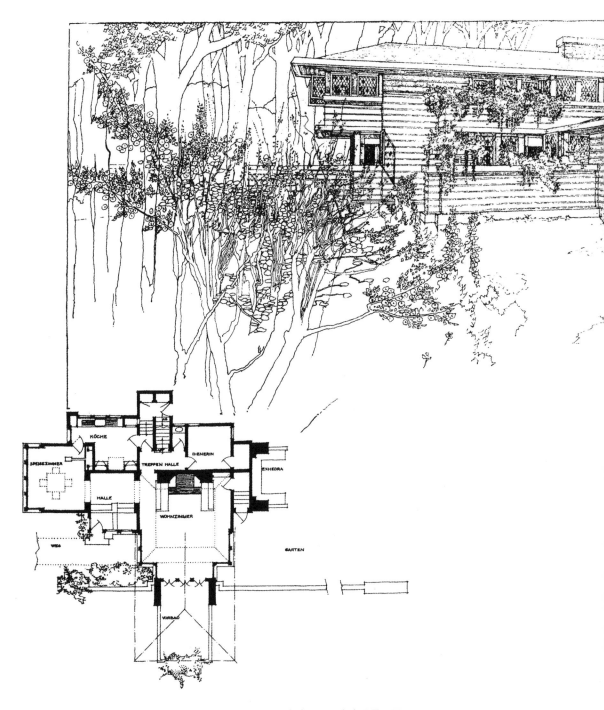

图44 乔治·米勒德郊区住宅透视图和底层平面图

# 托马斯·盖尔别墅

(伊利诺伊州奥克帕克)

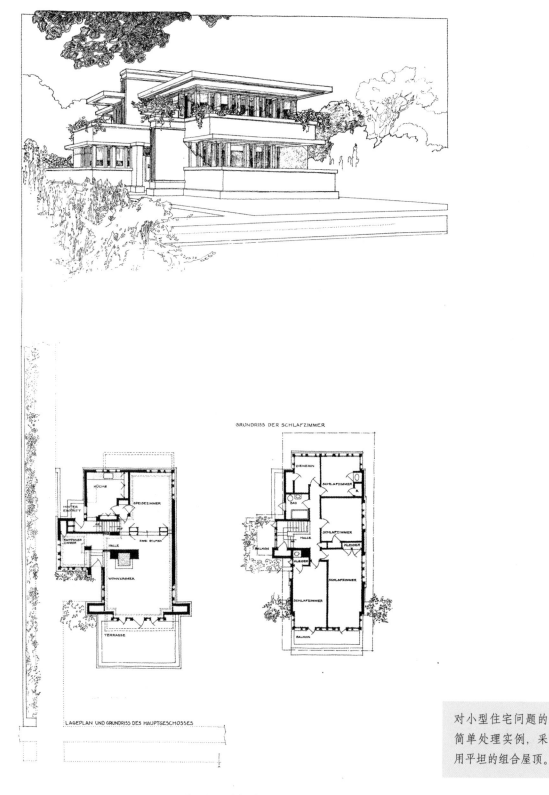

对小型住宅问题的简单处理实例，采用平坦的组合屋顶。

图 45 托马斯·盖尔别墅透视图和底层平面图

# 科摩果园夏日居住区

设计此建筑群，是为了迎合附近果园园主希望夏日里在此居住的要求。

在这些简单木屋之外还配备了一个俱乐部会所，大家都在此用餐，而暂时寄宿的旅客也可以在此住宿。

图 46a 科摩果园夏日居住区透视图

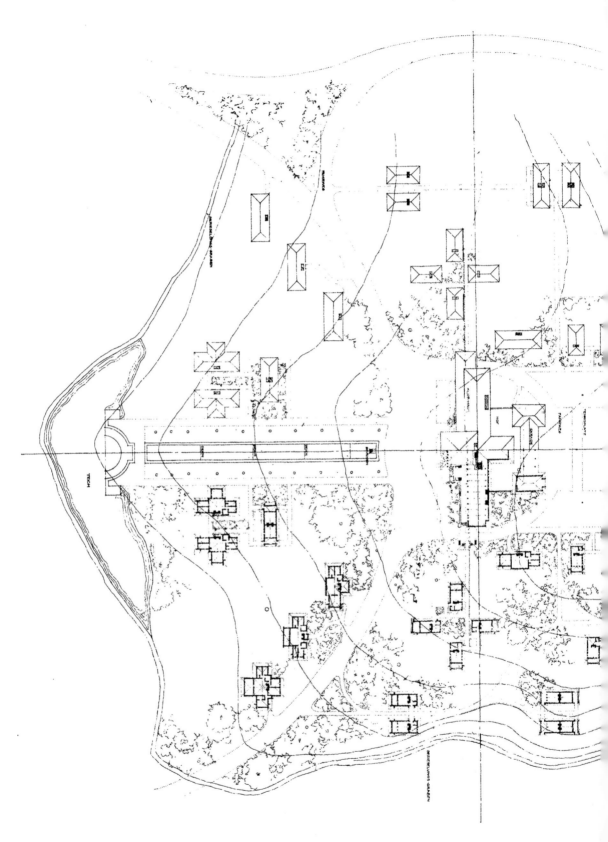

图 46b 科摩果园夏日居住区底层平面图

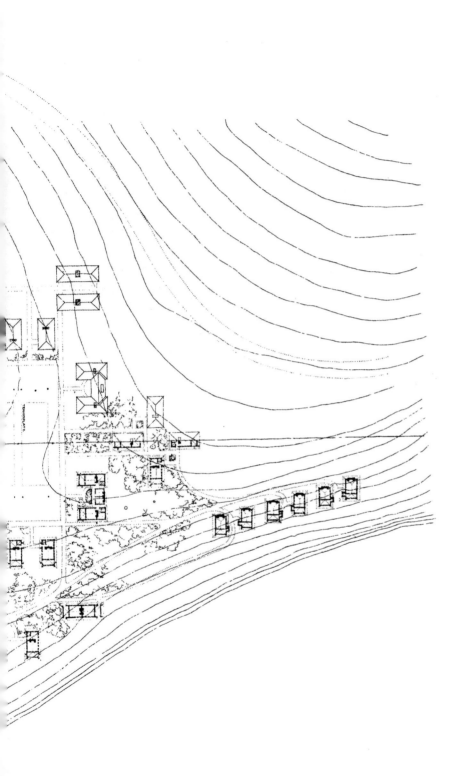

图 47a 科摩果园夏日居住区的中心俱乐部

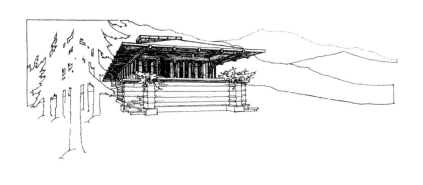

图47b 科摩果园夏日居住区的典型木屋

# 沃勒住宅区的三座典型住宅

分别为四坡屋顶、平屋顶和山形墙。

图48a 沃勒住宅区的三座典型住宅的透视图

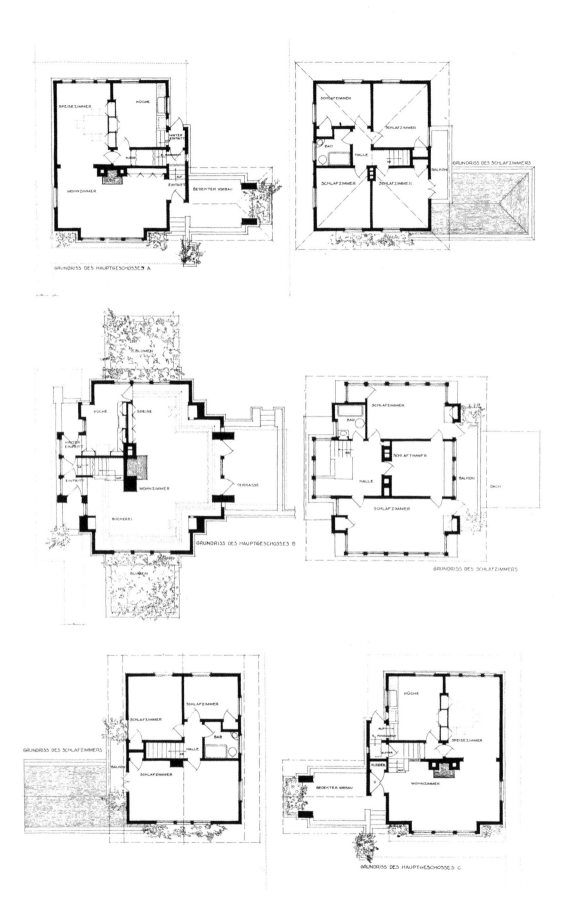

GRUNDRISS DES HAUPTGESCHOSSES A

GRUNDRISS DES SCHLAFZIMMERS

GRUNDRISS DES HAUPTGESCHOSSES B

GRUNDRISS DES SCHLAFZIMMERS

GRUNDRISS DES SCHLAFZIMMERS

GRUNDRISS DES HAUPTGESCHOSSES C

图 48b 三座典型住宅的平面图

# 城市国家银行及其办公楼

（艾奥瓦州梅森城）

一座会议室设在上部的银行建筑。

图 49a 城市国家银行及其办公楼透视图 1

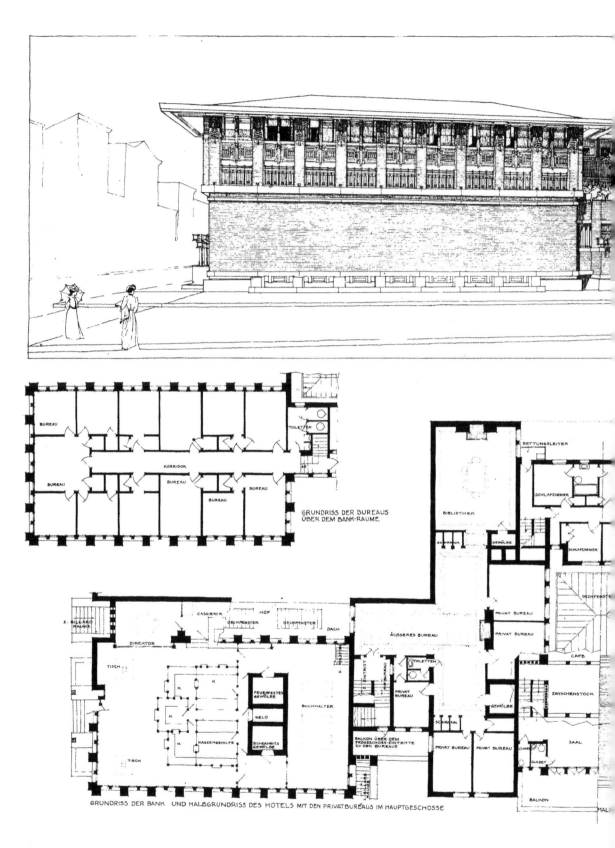

图 49b 城市国家银行及其办公楼透视图 2 和平面图

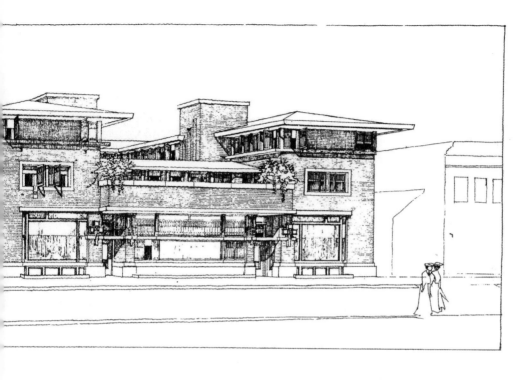

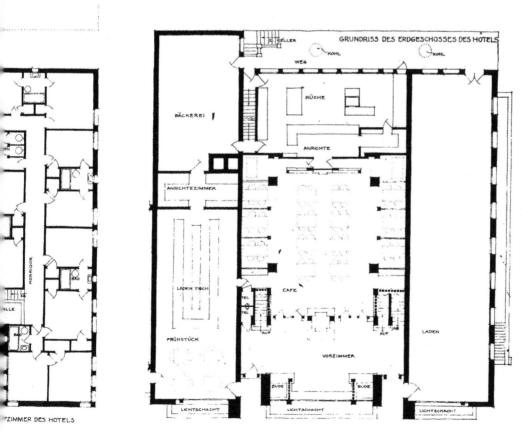

ZIMMER DES HOTELS

BÄCKEREI

KELLER

WEG

KOHL

KOHL

GRUNDRISS DES ERDGESCHOSSES DES HOTELS

KÜCHE

ANRICHTE

ANRICHTEZIMMER

KORRIDOR

BAD

LADEN TISCH

TEL
TEL

CAFE

AUF

AB

LADEN

FRÜHSTÜCK

AUF

AB

VORZIMMER

BUDE

BUDE

LICHTSCHACHT

LICHTSCHACHT

LICHTSCHACHT

# 伊丽莎白·斯通别墅

(伊利诺伊州格伦科)

林中的夏日住宅。

卧室、带有阳台的起居室和餐厅，像门廊般敞开，彼此之间由开敞的花香四溢的小庭院隔开。

图 50 伊丽莎白·斯通别墅透视图

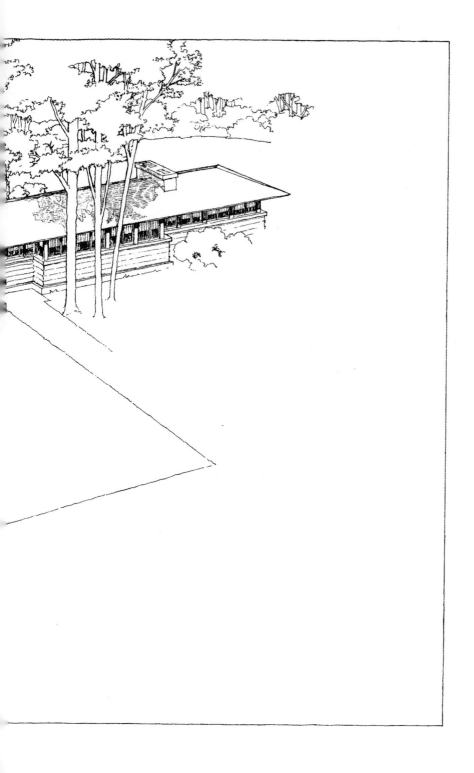

# 罗伯茨住宅和沃勒夏日别墅

罗伯茨住宅（为伊莎贝尔·罗伯茨而建）是比威廉·诺曼·格思里住宅更窄的地块上的规划。后来为
弗兰克·贝克设计建造。

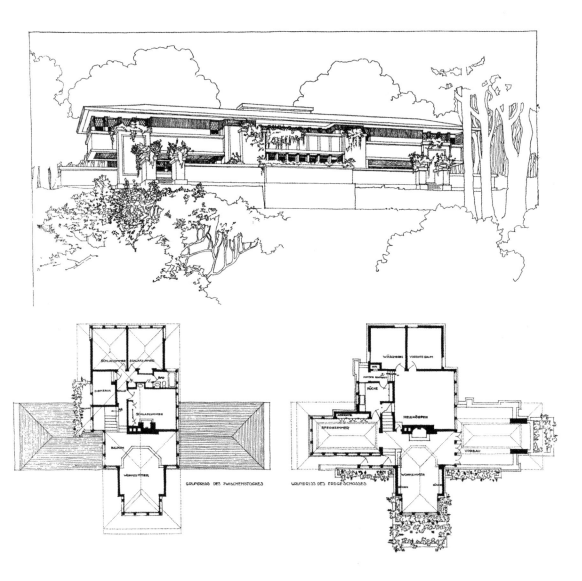

图 51a 罗伯茨住宅透视图和底层平面图

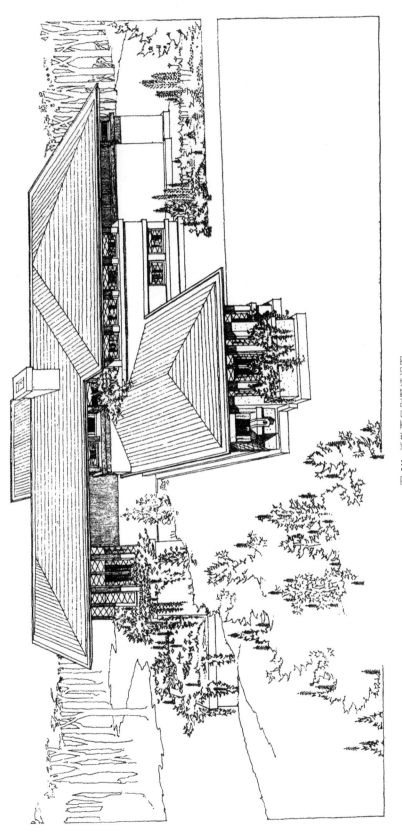

图 51b 沃勒夏日别墅透视图

# 沃尔特·耶茨之家

(伊利诺伊州格伦科)

一座坐落在花园之中的山形墙住宅。

音乐室与卧室同处一层，是建筑的主要特色。有上、下两层屋顶，层间实现空气流通。上层在尽端伸出，
下层位于建筑两侧之上；房间延伸至低屋顶下面的屋顶空间。

图 52a 沃尔特·耶茨之家透视图

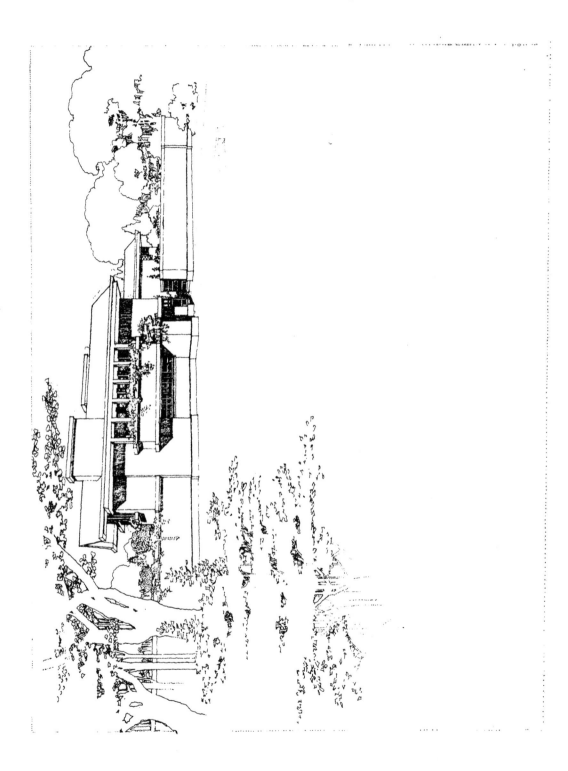

图 52b1 沃尔特·耶茨之家透视图

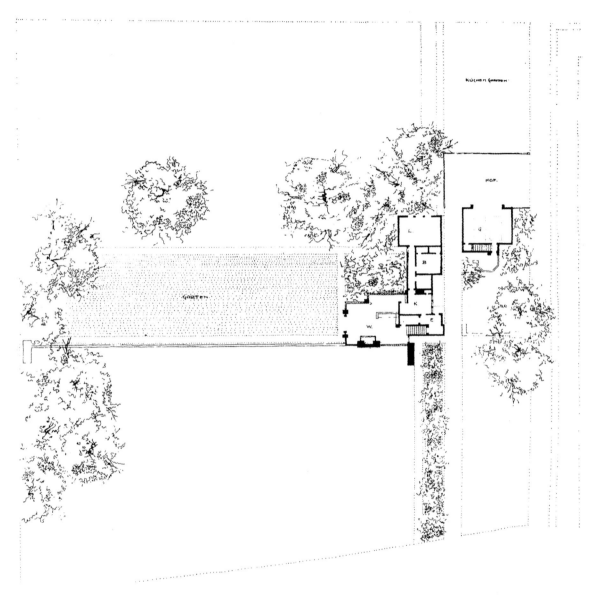

图 52b2  沃尔特·耶茨之家平面图

# 伯顿·韦斯科特住宅

(俄亥俄州斯普林菲尔德)

为灰泥墙、瓦顶、水泥基层和地基。属于起居室大的房屋；各种功能空间的必要隐私通过精心设计得如同书柜的遮蔽物，以及围绕中央壁炉设置的座位得以实现。

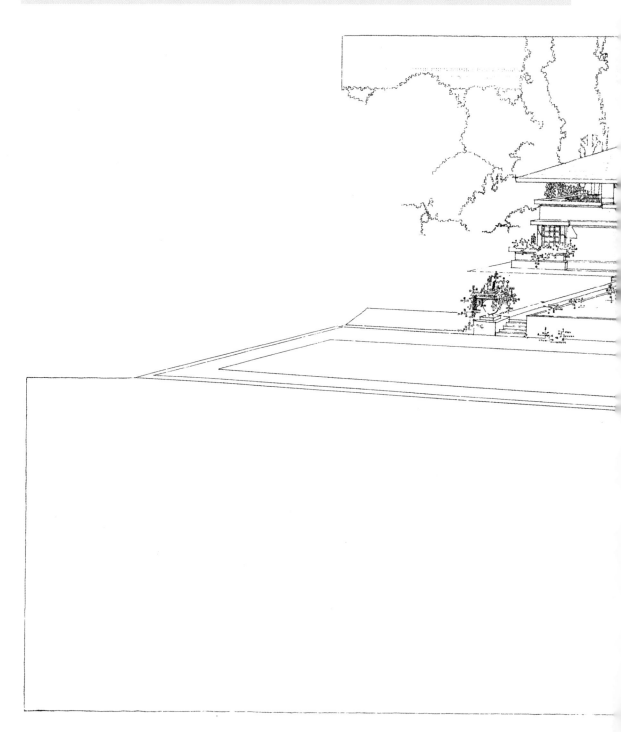

图 53a 伯顿·韦斯科特住宅透视图

在住宅前面，顶部覆瓦的露台，在夏日里会安装上雨棚；莲花池两边会放上体量大的混凝土花瓶。街道水平以上，宅地呈阶梯状升高。

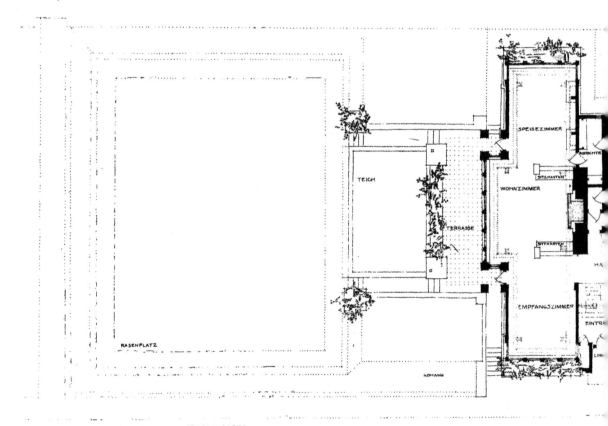

LAGEPLAN UND GRUNDRISS DES HAUPTGESCHOSSES

图 53b 伯顿·韦斯科特住宅底层平面图

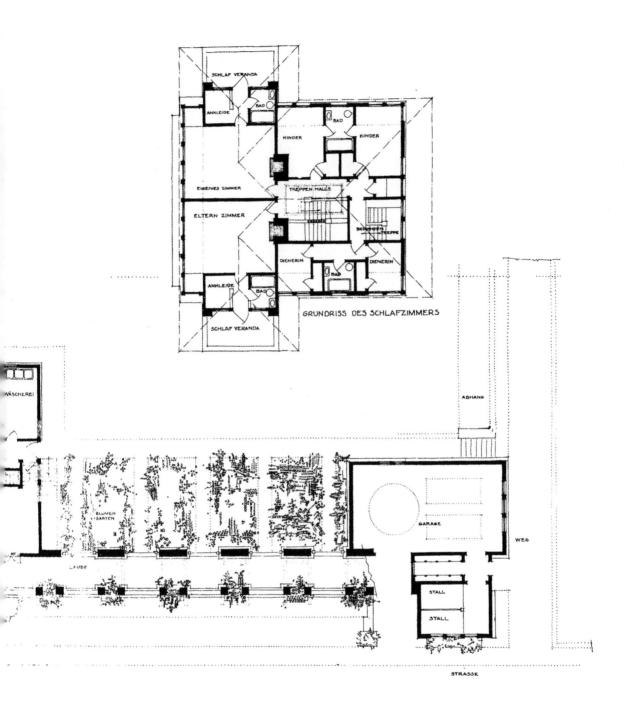

SCHLAF VERANDA

ANKLEIDE

BAD

BAD

KINDER

KINDER

EIGENES ZIMMER

TREPPEN·HALLE

ELTERN ZIMMER

DIENER·TREPPE

DIENERIN

BAD

DIENERIN

ANKLEIDE

BAD

SCHLAF VERANDA

GRUNDRISS DES SCHLAFZIMMERS

WÄSCHEREI

ABHANG

BLUMEN GARTEN

GARAGE

WEG

LAUBE

STALL

STALL

STRASSE

135

# 沃伦·麦克阿瑟混凝土多户住宅

(芝加哥肯伍德)

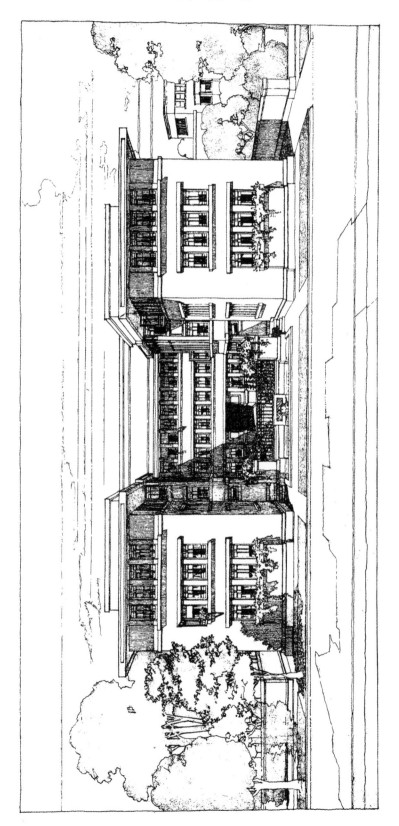

图 54a 肯伍德的沃伦·麦克阿瑟混凝土多户住宅透视图

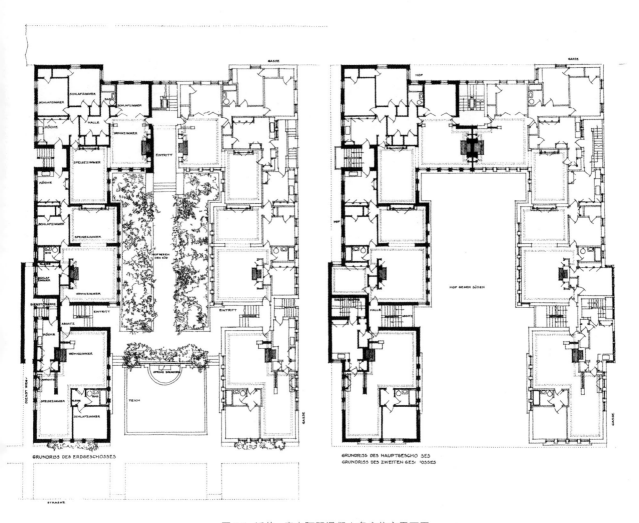

图 54b 沃伦·麦克阿瑟混凝土多户住宅平面图

# 威斯康星大学划船俱乐部的船库

赛艇停放在底层，两边是漂浮的登岸码头。上面一层被用作俱乐部房间，配有带锁的存物柜和洗浴设施。

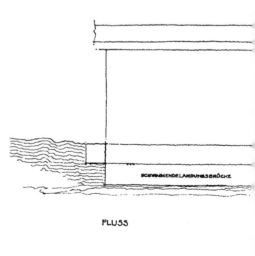

图 55 船库透视图和平面图

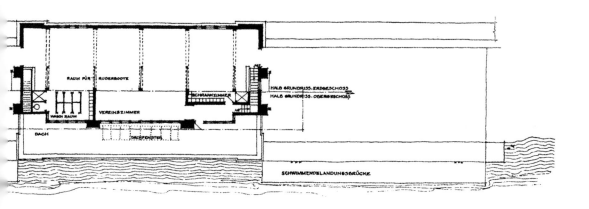

RAUM FÜR RUDERBOOTE

HALB GRUNDRISS. ERDGESCHOSS
HALB GRUNDRISS. OBERGESCHOSS

SCHRANKZIMMER

WASCH RAUM    VEREINSZIMMER

DACH    DACHFENSTER

SCHWIMMENDELANDUNGSBRÜCKE

# 孔利住宅

(伊利诺伊州里弗赛得)

单层住宅是为呼应草原环境而设计的，底部全都位于地面以上，类似于托马斯住宅、阿瑟·厄尔特利住宅和托梅克住宅。除了门厅和游戏室，其他的房间都设在一个楼层上。住宅内每个单独的功能空间都单独处理，三面都可以采光和通风。它们组合起来，构成一个和谐的整体。起居室是布局中心，下有入口、游戏室和露台，与地面处于同一水平线上，构成设计的主要单元。餐厅构成了另一个单元。

图 56a 孔利夫妇居所的起居室内部

厨房和佣人区处于一个独立的翼楼。卧室也构成了一个单元。客房构成悬出的一翼。马厩和园丁房组合起来，通过一个有顶的通道相连，而此通道终于园丁游廊。凉棚穿过花园向后延伸，终于服务人员入口。马厩、马厩院子和花园被灰泥墙围合。

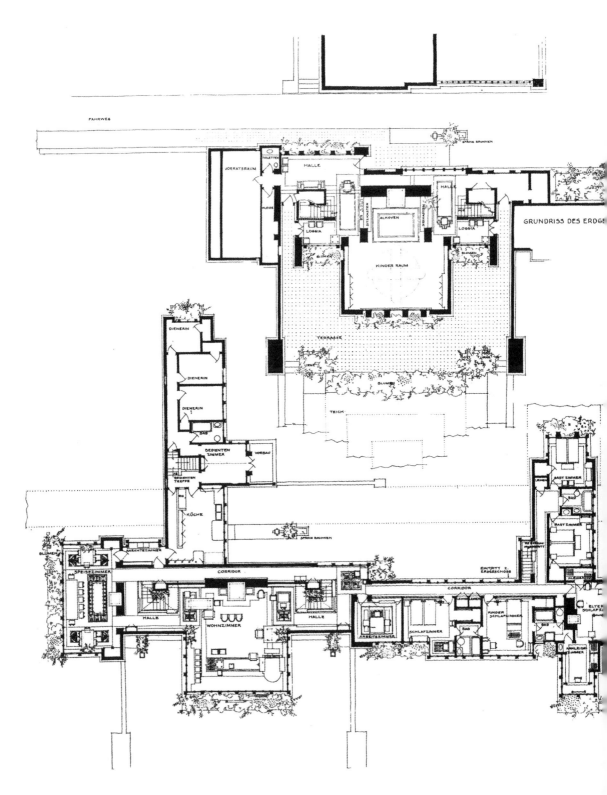

图 56b1 孔利住宅入口凹室底层平面图

图 56b2 孔利住宅入口凹室透视图

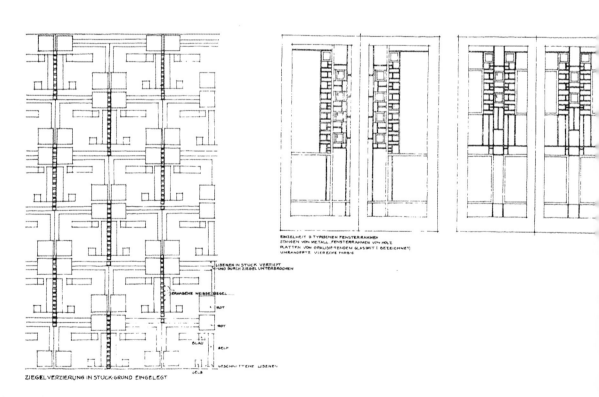

图 57a 孔利住宅透视图、砖与窗详图

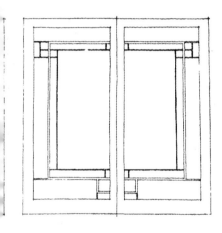

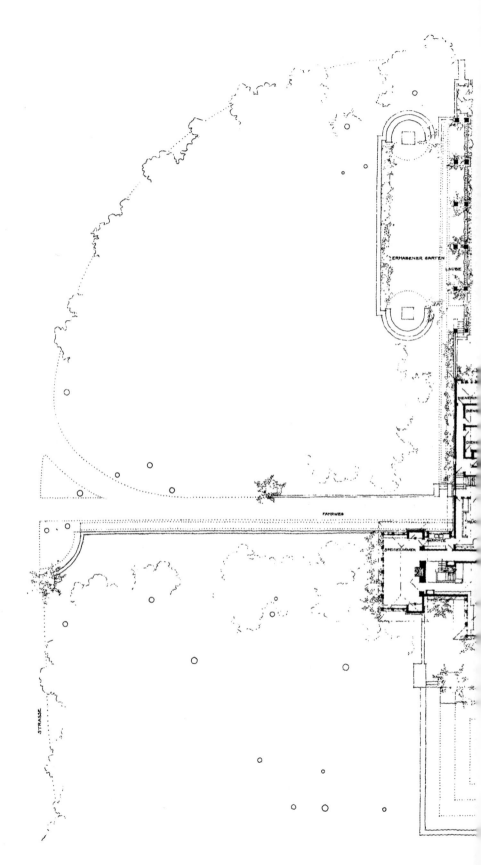

图 57b 孔利住宅底层平面图

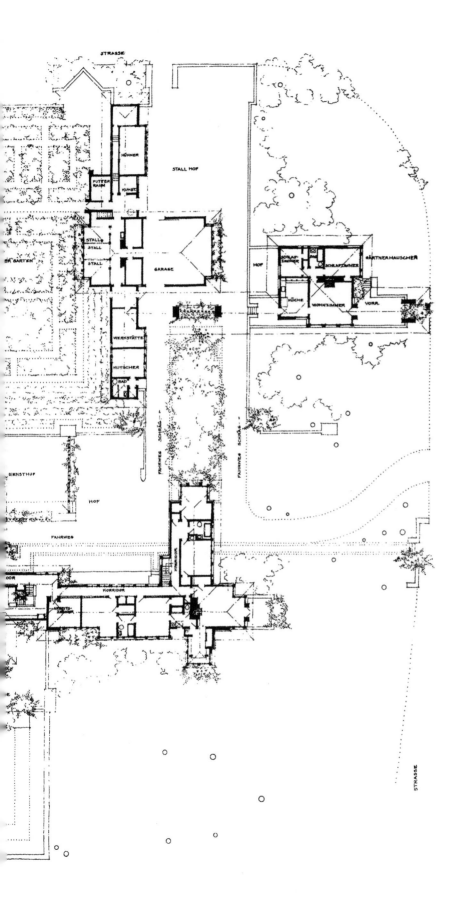

147

# 哈罗德·麦考密克夏日别墅

窗中梃、墙体、构件都由混凝土浇筑而成，而高悬的屋顶则由瓦片垒成。

它就坐落在两沟壑形成的高地，密歇根湖高高的湖堤上。

入口庭院对着森林，而露台对着湖。每边都设有门廊。

图 58a 莱克福里斯特的哈罗德·麦考密克夏日别墅鸟瞰图

卧室位于一个单独的翼楼上，带有为孩子设计的封闭式花园；游戏室就在墙角。

喷泉注入沟壑的源头，而沟壑的水从卧室一翼下方流过。

客房设在主要生活区之上。佣人房处在厨房一翼。地下走廊连接起佣人房和卧室。

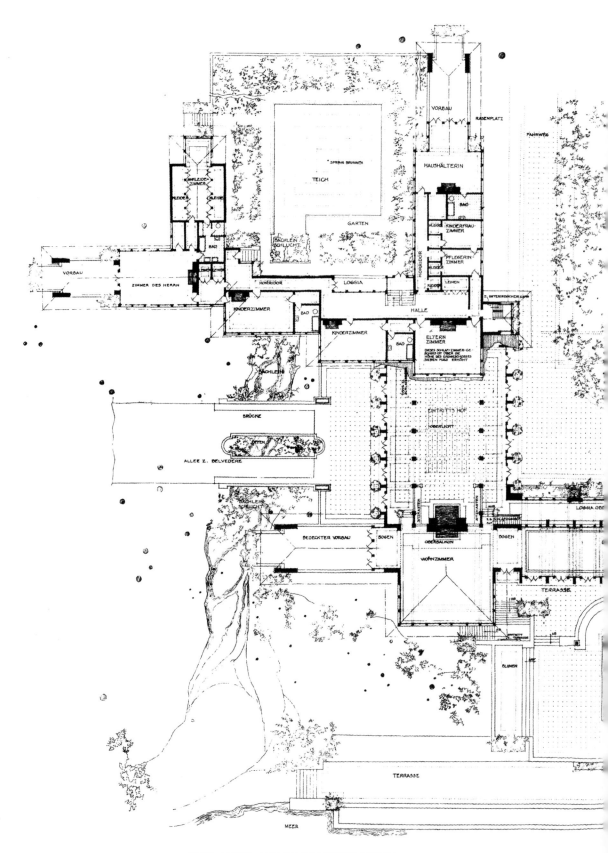

图 58b 哈罗德·麦考密克夏日别墅底层平面图

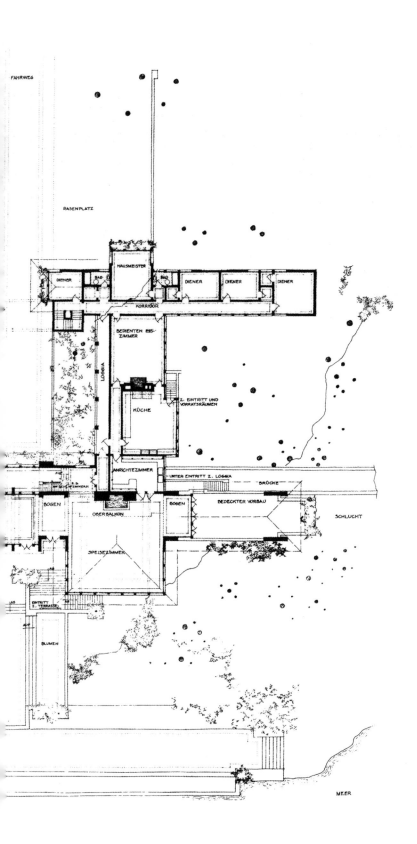

FAHRWEG

RASENPLATZ

DIENER · BAD · HAUSMEISTER · BAD · DIENER · DIENER · DIENER

KORRIDOR

BEDIENTEN ESS-ZIMMER

LOGGIA

KÜCHE

Z. EINTRITT UND VORRATSRÄUMEN

ANRICHTEZIMMER

UNTER EINTRITT Z. LOGGIA

BRÜCKE

BOGEN

BOGEN

BEDECKTER VORBAU

SCHLUCHT

OBER BALKON

SPEISEZIMMER

EINTRITT Z. TERRASSE

BLUMEN

MEER

151

图 59 从湖边看到的哈罗德·麦考密克夏日别墅

# 沃尔夫湖休闲度假村

(印第安纳州沃尔夫湖)

疏浚了一片与芝加哥附近浅水湖毗邻的沼泽地后，把它设计成一个休闲度假村。
通过把相同的入口建在一个巨大的圆形购物中心，这个项目的建筑后退红线被隔在一个后部区域中。
整个布局的中央，是室外演奏台，以及一个圆形田径场，用于举办比赛和庆典活动。一条有顶的透空廊道绕一边延伸，给观众提供座位。在它的后面，一个水园连接起内部水面和浅水湖，这样可以将船

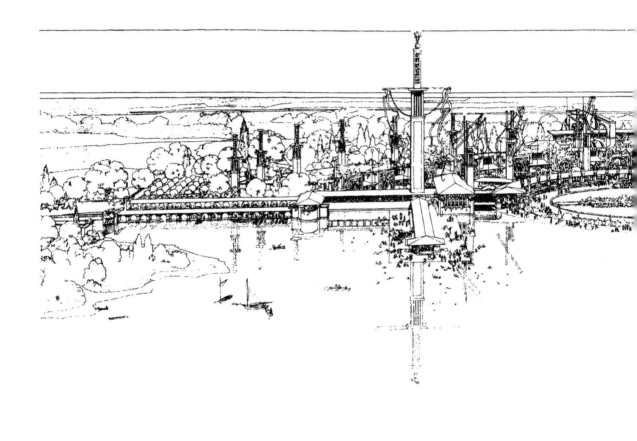

图 60a 沃尔夫湖休闲度假村透视图

从此处划到湖里。摆有摊位的几座桥，穿过水园，连接起中心区域和购物中心。

中心区域的边上有赌场、塔楼、透空廊道、船库、浴场，而它们通过桥和路与旁边的花园连接，并穿过建筑隔墙和水园。

带有球饰的灯具和被固定在飘扬的攀钩上的彩带成了此处醒目的装饰。

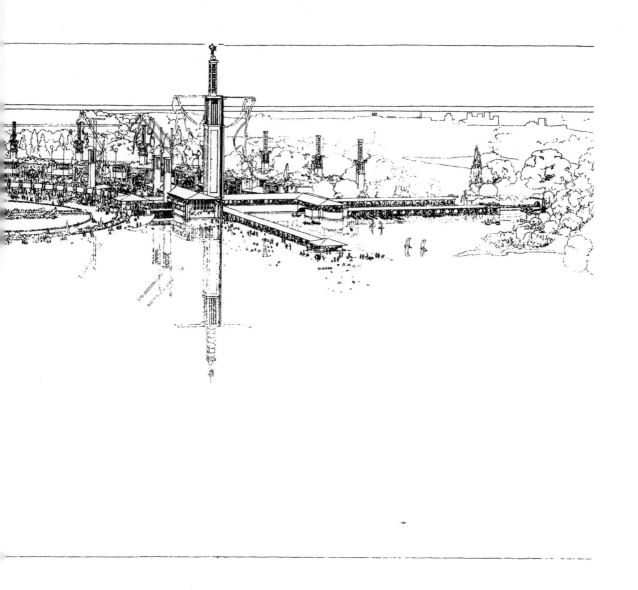

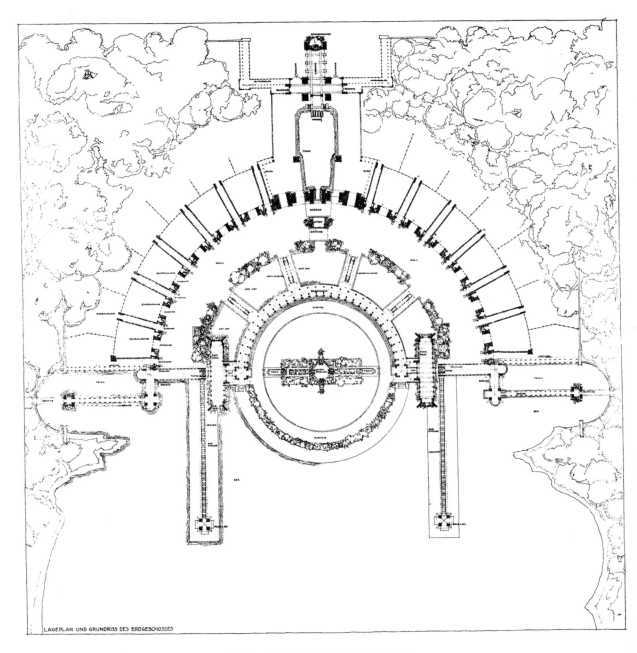

图 60b1 沃尔夫湖休闲度假村底层平面图

EINLEITENDER ENTWURF

图 60b2 沃尔夫湖休闲度假村介绍性草图

157

# 威廉·诺曼·格思里住宅

(田纳西州塞沃尼)

图 61 威廉·诺曼·格思里住宅透视图

# 理查德·博克工作室

(伊利诺伊州里弗福雷斯特)

这是为雕塑家理查德·博克设计的居所和工作室。坐落在 15 米宽、53 米深的基地上。一方池塘处于基地的前方。

图 62a 混凝土建造的理查德·博克工作室

160

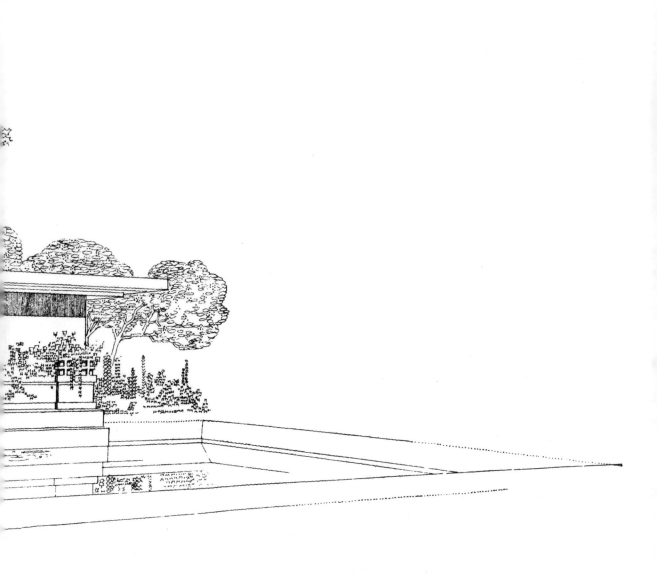

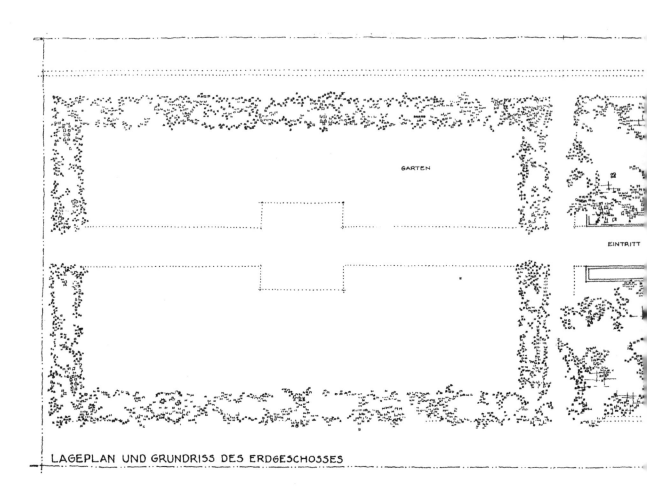

GARTEN

EINTRITT

LAGEPLAN UND GRUNDRISS DES ERDGESCHOSSES

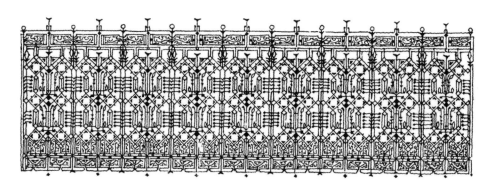

图 62b 理查德·博克工作室底层平面图

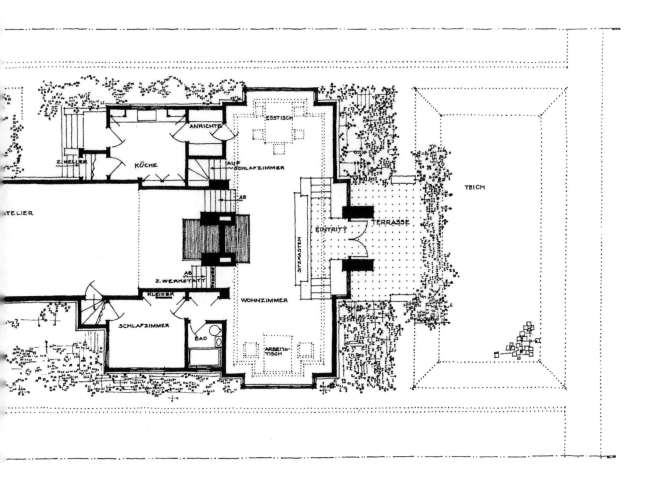

ATELIER

Z. KELLER

KÜCHE

ANRICHTE

ESSTISCH

AUF
SCHLAFZIMMER

AB

TEICH

SITZKASTEN

EINTRITT

TERRASSE

AB

Z. WERKSTATT

KLEIDER

WOHNZIMMER

SCHLAFZIMMER

BAD

ARBEITS-
TISCH

163

# 联合教堂

（伊利诺伊州里弗福雷斯特）

用木模浇筑混凝土块。移去木模后，将混凝土块外表面清洗干净，放上碎石骨料，由此形成的饰面导致它在肌理和效果上像粗糙的花岗岩。装饰精美的柱体也以这种方法浇筑和处理。入口是两座建筑共

图 63a 联合教堂的住房和礼拜堂设计

有的，并在中心位置把两者连接起来。两者都采用了上部采光方式。屋顶运用简单的防水钢筋混凝土板。为满足现代聚会要求，大讲堂运用了旧式教堂的形式，而没有使用大教堂中常有的中殿和袖廊。

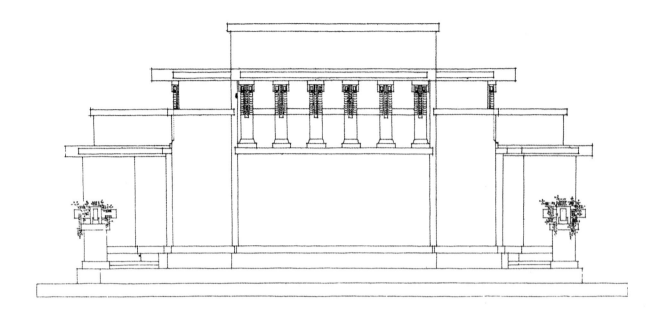

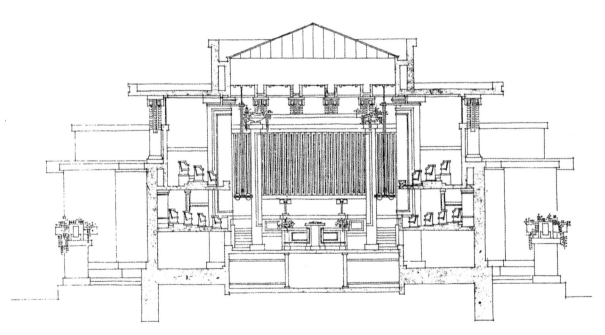

图 63b 联合教堂立面图和剖面图

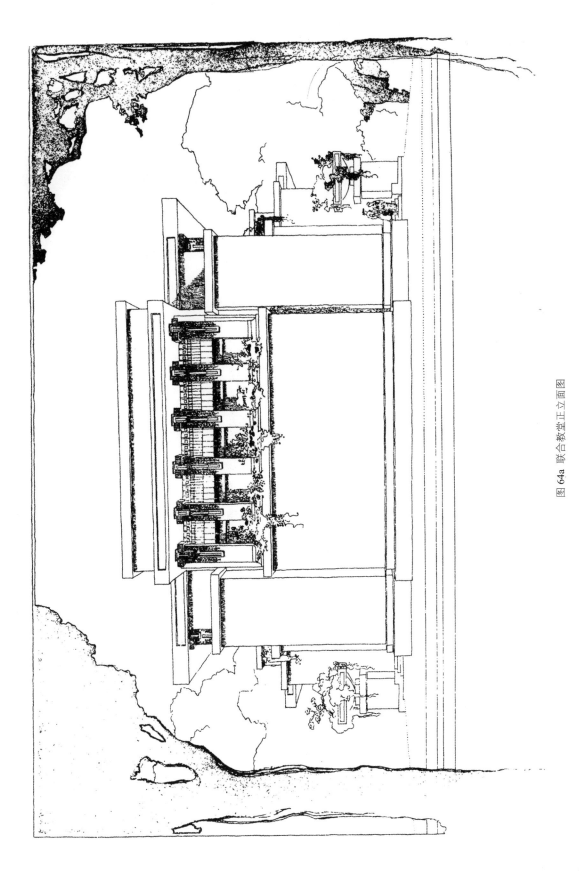

图 64a 联合教堂正立面图

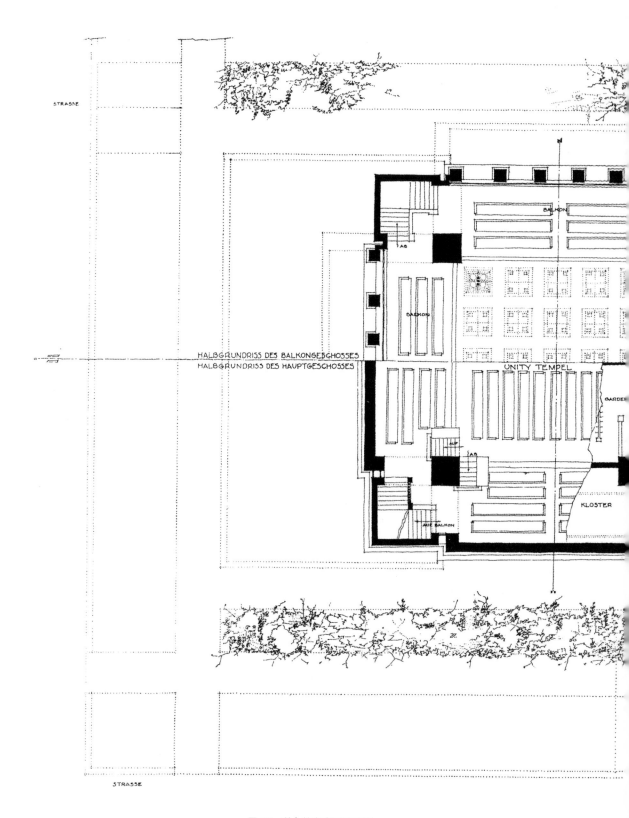

STRASSE

HALBGRUNDRISS DES BALKONGESCHOSSES
HALBGRUNDRISS DES HAUPTGESCHOSSES

BALKON

BALKON

AB

AB

AUF BALKON

UNITY TEMPEL

GARDE

KLOSTER

STRASSE

图 64b 联合教堂底层平面图

168

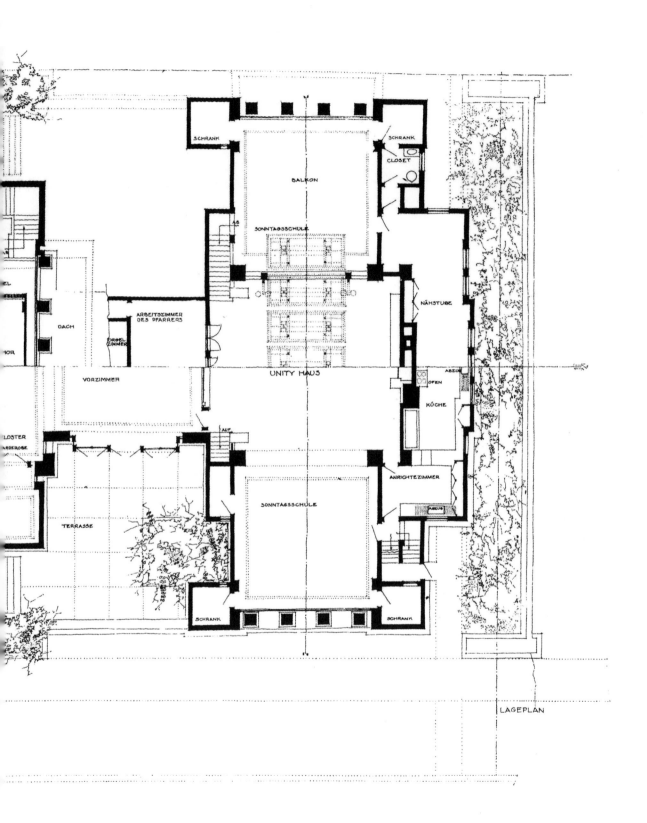

SCHRANK

SCHRANK

CLOSET

BALKON

SONNTAGSSCHULE

NÄHSTUBE

ARBEITSZIMMER
DES PFARRERS

ORGEL
ZIMMER

ABZU

OFEN

KÜCHE

VORZIMMER

UNITY HAUS

LOSTER
ARDEROBE

AUF

ANRICHTEZIMMER

ABZUG

TERRASSE

SONNTAGSSCHULE

SCHRANK

SCHRANK

DACH

LAGEPLAN